地方志災異資料叢刊

第二編

14

于春媚　賈貴榮　編

國家圖書館出版社

第十四冊目録

二

（清）梁園棣修　（清）鄭之僑、趙彦俞纂

【咸豐】重修興化縣志

清咸豐二年（1852）刻本

祥異

宋

祥符六年生聖菜大如芙實通鑑作野華

紹聖元年淮南郡禾一本九穗卽今興化縣見府志

紹興四年七月大風

激海潮没田廬

元

大德元年大蝗

泰定二年高郵興化水

明

建文二年海潮溢壞捍海堰
正統七年九年十年十四年俱大水
景泰五年五月大雪　七年蝗
天順四年大水
成化六年八年俱大旱
弘治十三年大水　十六年大旱
正德三年大旱　六年十三年十四年俱大水
嘉靖元年大風　二年大水河堤決大飢　八年七月
飛蝗蔽空雜雨黃丹至十七年每歲皆蝗　十四年
四月大雹如暍　十五年夏大旱秋霪雨不止水沒
田禾　十八年閏七月初三日大風偃禾海潮高二
丈餘漂沒廬舍人畜不可勝紀十餘年不宜稻　二
十年下河州縣水旱　二十一年水　二十三年大
旱　二十四年不雨旱　二十五年六月二十六日五
色雲見秋無禾　三十年水　三十一年五色雲見
三十三年大旱　三十四年春蝗夏大水秋又蝗
食屋草殆盡　三十五年仰止祠生雙穗麥二本
三十六年彗星見東北有倭警　三十七年河堤決
九月慶雲照池沼爛如錦綺　三十八年自二月至
八月不雨秋蝗　四十一年四十二年四十三年俱

大水
隆慶二年夏酷暑田婦多暍死 三年黃淮水溢災變異常是歲有牛生犢眼出於頂尾生於鼻 五年大水
萬歷二年七月十四日大風兼水災 五年大水九月彗星見西南 八年九年俱水 十一年民李錦妻徐氏一產四女 十七年十八年大旱葑之田皆成赤地有黑鼠無數匝遍葑中食其根經野燒並爲灰土不耕而墾者十得一二 濟堤決 十八年春荒場生菌饑民采食 二十三年二十四年大水 二十六年大雨傷麥
崇禎四年大水是冬民見春初所下穀種結實水中爭取食 十三年大旱飛蝗蔽天食草木皆盡道殣相望 十四年大旱斗米銀四錢

國朝

順治六年雨不止河堤決 十年旱 十六年霪雨爲災民田盡沒

康熙元年九月大水　四年大水淮堤決七月初三日大風雨海潮盡涌諸潮漲溢田禾沒彗星見　七年河決高郵淸水潭環城水高一二丈漂沒人民死者無數是年七月地震水涌　八年九年俱大水　十一年高郵淮堤決　十二年大水　十四年八月大風雨十日餘水驟溢江都竹林寺淮堤決　十五年河淮汎漲五月大風雨高郵淮堤決三十餘處淸水潭決數千丈興化水驟長以丈計舟行市中漂溺廬舍人民無算　十八年大旱蝗蔽天　十九年大水淮堤決　二十一年縣南院莊民韓日昇妻孫氏一產

三男　二十二年二十四年三十二年三十五年三十七年三十九年四十四年俱大水　四十六年旱　五十年八月十五日泮池水吼如雷時泮池新浚　五十二年旱　五十四年水　五十五年旱　五十八年五十九年俱水

雍正元年歲大稔　二年海溢　七年旱蝗　十年七月大風雨海溢　十三年大水

乾隆三年大旱　七年堤決大水一晝夜直抵捍海堰城市水深數尺漂沒人民廬舍無算　九年旱蝗　十年海潮溢　十八年堤決大水　十九年雨水禾

盡没　二十年秋大水　二十一年春大疫秋堤決大水　二十五年二十六年俱水　三十三年大旱自春徂夏河井俱竭大疫八月始雨　四十年大旱十月始雨　五十年大旱自三月至次年二月始雨斗米千錢人相食　五十一年春大疫秋水　五十二年堤決大水　五十三年大稔　五十五年得勝湖中現城郭樓臺市廛星見

嘉慶二年卿雲見　四年七月大風雨海水漂没民廬無算　五年城東六十里有龍亙天鱗爪畢露雲皆五色　九年七月終垻水不傷禾稼　十年正月十

七日大風沙沙上印作錢形六月垻開大水 十一年春河魚湧出饑民取充食六月荷花塘決大水 十二年旱蝗 十三年六月荷花塘決大水 十四年旱蝗天際有物狀如蛇長數丈逐飛蝗由西北天墦南行漸沒 十七年水 十九年春東鄉麥秀雙岐 二十一年水

道光元年四月朔日月合璧五星聯珠五色雲見 二年垻開大水 四年十一月大風決高堰十三堡旋開鄉南各垻大水 六年六月大雨五垻開觀蕉廢十三年水大二尺有奇乘舟入市 八年垻開大水

禾半收　十二年六月堤決馬棚灣張橫溝大水如
六年　十二年黃堤決大水　十三年正月甘露降
秋壩水禾半收　十四年田多鼠春食秧秋食禾
十五年夏蝗過不損禾稼除夕甘露降　十六年蝗
不爲災湖水盛漲刻期開壩署縣徐林春額懇緩開
民獲有秋　十七年十二月雷　十八年除夕雷電
大雨雪　十九年秋水壩開　二十年七月水壩開
二十一年七月四壩開重陽大雨雹　二十三年
五月至七月大蝗　二十四年秋後壩水不爲災
二十八年六月五壩開水如十一年　二十九年四

月大雨雹五六月霪雨連旬郵南五垻河員催開刻不容緩署縣魏源先赴郵南探水勢然後到任接印四日又赴各垻風雨泥濘中爲民請命　制軍陸大司馬遂駐工保守啟垻遲逾半月下河倖獲半收七州縣人民頌魏者謂有拯飢拯溺之功

【民國】興化縣小通志

阮性傳纂

民國間抄本

來水篇

興邑上游來水就辛未決堤洪水之年而論由高郵而至城區水頭二尺隔日即到先是開放三垻水頭五寸歷四五日而沉田說者謂是年底水較大水係平鋪而來且先逼出於兩旁鄰縣之境故流速尚非極點按之舊縣志所云以水抵水者其理由誠不誣也若以前開垻之年水由河漕而行則西南鄉之田先沒東北鄉之田後沉比較開放時期至多苟延四日少乃不過三日總之流速須隨時而定未可一概論耳夫垻水流速如

其作用之所　又不能　既非本來

此在通常平水之年上游來水迂迴曲折其緩可知人
謂閘水不到興境實在江泰高郵飽受閘水方可騰讓
其本境之水以歸於興邑也倘若大旱之年上遊機車
鱗次櫛比試問焉有唾餘以分潤於人乎証之輪船航
路動以上游水淺告停其勢顯然故論來水性質為利
者十二三為害者十七八若無雨量以調劑之夫奚其
可此後邵伯船閘告成高寶段運水抬高則高郵閘洞
之來水當較孔家涵之來水必大少參觀別篇概可知
焉

430

憂水篇

前篇言導淮之現在辦法大要於歸江之路扼之阻之歸海之路濬深之而東小之將來再加楊莊邵伯等閘分遏淮運是非所謂泄之少而蓄之多耶彼深明測量學者測算流量流速與傾斜度數支配而調劑之臨時預為騰讓或非余輩空談水利者可知但是行水可測而雨水不可限制假若豫皖上游雨量過度以昔日歸海之數百丈河漕歸江數百丈之埧口盡量洩之而不足豈有淮運四閘數丈之金門所得一洩無餘乎果如

興化縣水道志　　憂水篇　　防性保稿

是洪湖患飽漲高寶兩湖受仁義禮智信五垻之水更患泛濫歸江各垻不能利用以宣洩之則鄭南五垻勢必過水不保逢汛即開苦於興邑之民不然淮堤之高家堰等處恐必潰決俗語有言倒了高家堰淮揚二府不見面嗚乎興邑辛未之災水與簷齊將來再遭巨浸豈不水過屋頂乎按辛未水災江都段運堤與高寶段同時潰決分水入江是以興雖陸沉民衆尚未全化魚鱉此後不幸言中水悉入興更不堪設想矣

憂旱篇

興邑己往之旱災就縣志有清一代記之康熙朝二雍正朝一乾隆朝四其後年嘗苦旱最甚如光緒　年幸賴得雨歉而不災近若民國十七年二十一年二十二年二十三年亦然十八年大旱成災致勞舉振夫興固澤國何為苦旱若是之數豈不曰溝河不濬乎非也蓋境内溝河經農户罱泥日日濬之比較四十年前加深不祇二尺老農類能言之豈不曰雨量過少乎似也然如十七年十八年夏秋未得大雨余其時在滬與邵

伯任馨山君同厲訔聞與鄉人謀趁江潮高漲之時開
啓攔江埧為倒灌溉田之計余為私計亦力慫之謀成
而興邑河路亦通矣再以揚州籌運局圖說證之一曰
鮑家埧不啓滷淋河流弱二曰滷淋河在老閣迤上一
部分尚覺墊高三曰子嬰河在臨澤之下有淤墊形勢
四曰油坊港至興化墊高處與海平線等是可知苦旱
病源實在於鄰縣上游不暢矣今則邵伯船閘工興將
來孔家涵下滷淋河蚌蜒河來水更少豈不大可憂乎

決堤篇

興邑防水必防運堤古今一理也民國二十年八月二十五日當啟放邨南車新三塤之後二十日運堤決高寶段露筋祠六十丈越河頭五十丈七公殿三十丈御馬頭十餘丈廟巷口六十餘丈擋軍樓一百六十丈同時決江都段荷花塘二處六十丈馬家閘二處五十丈六閘子四處四十丈鷄毛帚二處七十丈邵伯南段七處八十九丈又萬壽宮南十餘丈萬壽宮北十餘丈昭關壩北五十丈來聖庵北三十餘丈計二十七處凡七

百餘丈案經內政部陳科長勘報可考比較前清康熙朝決堤五次乾隆朝決堤三次嘉慶朝決堤二次道光朝決堤一次咸同朝決堤二次為禍尤烈雖屬年久失修臨時疏防河員失職所致要亦遲啟歸江各埧勢成中飽迨至啟埧牽動湖水盡量東注壓迫危堤逼而出險也觀於決堤之處不在水位最高之上游而在水性就下之埧口是猶治痢猛攻必瀉其理甚顯後之司堤防主啟埧者盍其鑑諸

旱魃篇

赤日張空當暑無雨水斷河流田裂焦土旱魃為虐無人不苦神話以興鬼事難數一般愚民真宰無主但望菩薩雲興雨布寧可斷炊迷信難去凡有祈禱斂錢必與於是時也旱魃未見魑魅魍魎化身露面斂取錢財巧將計獻分别城鄉各表意見歸宿一言無人不騙是謂旱魃臨時活現旱魃幾多起點無他先驅頑童取土於河像成泥龍到處巡邏插柳祇雨前唱後歌募乞香金狠似閻羅結果一飽錢盡剎那等而上之各街各坊

皆有惡霸發起燒香隨緣樂助中飽私囊求雨不應再
抬龍王不倫不類大發仙方甘霖倖降募化無妨建廟
酬神黑幕焉詳最為甚者是在鄉村搶水案起捕蝻令
行劣董惡役串詐訟興酒食而外番佛為尊發起做會
允戲謝神豎木派捐餘則瓜分實在首事悉屬游民吏
有土劣利用旱荒帮扛搶水玩弄捕蝗私吞振濟暗抗
錢粮種種黑幕語焉不詳他處為甚興邑宜防設遇兇
年免民遭殃剪除旱魃是在黨方

【民國】續修興化縣志

李恭簡修　魏儁、任乃賡纂

民國三十三年（1944）鉛印本

祥異

咸豐元年七月二十八日啓東邏垛八月初一日颶風雨海潮漲溢決范公隄初二日啓中垛白涂箭南河豐工決口冬漕改行海運

二年五月淫雨三伏亢旱烈風傷禾六月二十九日啓東邏垛

三年春日無光星異地屢震二月十一日江甯省城陷二十三日鎮江揚州相繼失守七月二十八日啓東邏垛二十九日啓新垛八月初二日啓南關垛中垛冬十一月郡城復

四年春積水未消夏多驟雨低田淹没

五年春有積水秋驟風雨銅瓦廂決口

六年三月初一日揚州城復陷十三日收復五月至八月大

旱飛蝗土蝗蝻水爲災遍地人行不得食穀大昂十月河水竭

七年春夏旱蝻水倒灌四月知縣王宗元搜買蝻子　八年夏旱

九月初三日郡城夜陷十五日克復　九年夏六月亢旱秋大風

雨　十年秋大風雨小六堡淀口七月初九日啓車邏壩新壩

十一年夏六月九日日中有聲如雷星隕大如盎八月朔日月合

璧五星聚張

同治元年閏八月初二啓車邏壩　二年秋有年　三年六月省城

復　四年七月初六日啓車邏壩十二日啓新壩　五年夏秋多

怪風雨湖水淳決口三百餘丈六月二十七日啓車邏壩二十八

日啓南關壩田廬被淹殆盡人畜溺斃無算東鄉八閘先後冲破

六年夏旱秋雨多七月十五日啟車邏壩二十八日啟南關壩　七年閏四月十六日至二十四日大雨驟至低田被淹　八年夏亢旱湖水害禾秋多雨　九年春多雨雪秋旱禾不實七月二十五日啟車邏壩　十年夏少雨大雨雹東鄉苗生蟲　十一年夏少雨湖水倒灌六月十九日地震　十二年夏秋旱水涸　十

三年春夏少雨秋雨傷禾

光緒二年夏旱湖水倒灌蝗不為災冬雪嚴寒　三年春夏乾旱湖水倒灌土蟲蛀禾飛蝗為災（兩江總督沈葆楨奏五月十五日以前亢旱日久飛蝗日熾迨十七至二十二日連得時雨中間稍一晴蝻即結陣四起勢如風潮直至二十三日烈風驟雨連宵達旦此後蝗始漸稀據鹽城縣東沿海一帶潮退後浮積有二三尺之厚等語）　冬十一月大雪　四年夏蝗有遺孽經雨自滅七月十六日啟車邏壩二一

十日啓南關壩二十四日啓新壩　五年秋有年　六年秋旱
七年秋大疫癘六月二十一二十二日海潮溢潮水倒灌達安豐
境　九年七月十二日啓東邏壩十六日啓南關壩　十三年春
正月大雨雪　十四年夏時疫流行多不救秋分後二日啓東邏
壩　十五年秋水　十七年夏五月旱蝗潮水倒灌東鄉豆穀生
蟲　十八年夏旱蝗冬祁寒大雨雪樹木多凍死　十九年夏五
月九日巳刻大風捲市棚屋瓦飛雲際有物自東城外時思寺衝
出騰空向東南去壞文峯塔角觸之者立斃冬無雪　二十三年
秋七月大雨處暑後七日啓東邏壩　二十四年秋七月初三日
雷電以風天空聲如鼓鳴　二十五年十二月二十三日雷雨

二十六年秋七月地生毛　二十八年秋旱蝻生多疫癘　二十九年夏雨　三十二年正月二十六日夜民家起火延燒縣署屋三間內儲光緒十四年至三十一年串根被燬夏大雨六月二十八日啓東踰墻三十日啓南關墻七月二十八日午正赤虹貫日啓新墻　三十四年六月二十四夜彗星見東方十二月二十五日卯正白虹貫日

宣統元年夏旱秋水六月二十三日啓東踰墻二十五日啓南關墻十月二十七日地大震　二年夏六月淫雨爲災除夕大雷電以風　三年五月初九日地震七月二十四日啓東踰墻

中華民國元年飛蝗　二年農曆二月地震　三年春夏旱滴水倒

灌百餘里傷害田禾　四年夏六月大風拔木霜降節後桃李杏梅各樹木開花老農驗云翌年大水　五年夏秋淫雨爲災六月地震立秋後一日啓車邏壩　六年二月地震夏旱　八年秋飛蝗　九年秋飛蝗　十年夏大雨立秋後啓車邏南關新壩　十七年湖水倒灌　十八年大旱疫秋無禾　十九年地生毛　二十年八月三日三壩開田廬被淹沒無禾二十五日運隄決二十七處漂沒人民廬舍無算全境陸沉乘舟入市　二十一年春積水未退夏無麥　二十七年秋水啓車邏壩新壩

補遺

宋　政和六年淮南泰州水溺人千口　宣和中潮壞范隄淹田廬

三百里　乾道七年海潮衝盤捍海堰二千餘丈　紹熙五年
五月大水　嘉泰三年大水決清水潭　開禧元年九月淮水
溢死者幾半　端平元年風潮壞捍海堰四百餘丈

元　至元二十二年大水　至治元年七月水　至順元年水　四
年江水溢至寶應興化

明　成化十一年大水　二十三年淮水　萬歷三年大水　十九
年水　天啓三年江淮水皆嘯　五年水

清　順治十八年海溢　康熙六年露筋祠決　十年清水潭決
十六年十七年俱大水　十九年泗洲城陷沒清隄決　三十
八年水　四十七四十八四十九年俱大水　雍正五年八年

俱水　乾隆元年二年俱大水　四年六年水　十二年海潮溢　二十四年海潮溢　二十六年運隄決　三十九年夏秋旱　四十三年大水　四十七年水　嘉慶十六十七十八年俱水　十九年八月水　二十三年二十五年俱水　道光三年泰州鮑家壩決淹民田　二十八年水啓昭關壩歷四減始塔　三十年秋水以上錄淮系年表

【民國】寶應縣志

戴邦楨、趙世榮修　馮煦、朱蓂生纂

民國二十一年(1932)鉛印本

寶應縣志卷五

食貨志下

水旱

元天曆二年水沒民田道光志

至順元年大水道光志

三年八月江水溢至寶應興化二縣

至元二年八月高郵寶應縣大雨雹是時淮浙皆旱惟本縣瀕河田禾可刈悉爲雹所害凡田之旱者無一雹及之續文獻通考

明正統二年大水運河決宋涇河板閘毀朱曰藩直談宋涇河記

五年江淮大饑人相食

景泰五年六月湖決隄岸七月大水道光志

天順元年寶應氾光邵伯高郵等湖隄岸衝決行水金鑑

宏治十六年夏大旱道光志

十七年產瑞麥有至四五岐者道光志

十八年旱蝗道光志

正德三年大旱蝗道光志

六年六月大水決隄道光志

九年大旱蝗道光志

十二年大水決湖隄道光志

十四年大水決湖隄 道光志

嘉靖二年夏大旱秋大水決湖隄 道光志

七年大旱蝗 康熙志

八年夏旱蝗 道光志

九年秋大水決湖隄 道光志

十六年夏大水決湖隄 道光志

二十年大水 道光志

二十三年大旱蝗 道光志

二十四年大旱蝗 道光志

三十年七月大水隄決 道光志

三十一年七月大水隄復決道光志

三十四年大水決湖隄道光志

三十五年大水道光志

三十七年夏大水決湖隄道光志

三十八年大旱道光志

四十年大水決河隄道光志

四十一年大水決河隄道光志

四十五年八月大水決河隄道光志

隆慶三年秋大水海潮溢高二丈餘狂飈大作浪捲廬舍無子遺人畜死者無數城中行百斛舟湖隄決十五

處 道光志

四年五月河淮水又大發黃浦決寶興高泰四望無際

至六七月地上之水與淮河為一 同治山陽志

萬曆元年淮水暴發千里汪洋瀕河民多溺死 乾隆淮安府志

三年八月高家堰決高寶興鹽淮為巨浸 明史河渠志

四年八淺隄決 郡國利病書

五年決湖隄 道光志

六年寶應湖於六月內暴風驟雨本工衝決 行水金鑑

七年黃浦八淺決口塞 圖經 乾隆淮安府志七年三月十二日黃浦決口塞十八日大雷決口南岸平地穴深丈餘方二十八丈內潰冒甚多蓄蛟龍所蛻云 道光志都御史潘季馴塞黃浦八淺決口祭舟岸側出雞聲曰此蛟龍窟宅其中也因鑿舟沈石灰斗鐵有蛟尸解作雷鬪

而去浮蝦水面 按道光志載此條於九年後茲據淮安府志移附於此

八年大水黃浦隄決 道光志

九年大水 道光志

十一年閏二月二十八日雨雹大如雞子殺飛鳥 道光志

十四年五月二日大水決淮之范家口縣田淤沒 道光志

十六年旱大疫江南北斗米錢一二百知縣耿隨龍施藥禱雨爲文告八蜡之神蝗不爲災 道光志

十八年夏初大水雨雹秋旱 道光志

十九年夏暴風驟雨淮湖漲清水潭決山陽隄決平地水深丈餘冬十月湖淮復漲溢決邵伯隄五十餘丈高

郵南北閘俱衝大水泛溢同治山陽志

二十一年夏淮水決高堰衝泥句橋三里湖氾水鎮渰沒田廬人畜死者無算道光志

二十二年大水淮安開武家墩二十餘丈高寶水長二尺嘉慶高郵州志

二十九年夏水秋旱道光志

三十一年夏大水河隄決人民溺死無算康熙揚州志

四十四年大旱道光志

四十五年大旱蝗道光志

天啟元年大水道光志

二年四月西隄一淺等處石工衝卸六百餘丈 明史河渠志

六年旱蝗 道光志

崇禎四年夏霪雨數十晝夜隄岸決田廬盡沒 道光志

五年六月山陽蘇家嘴大潰鹽城興化寶應高郵無不被害 圖經

六年山陽建義諸口未塞民田盡沈水底 圖經 時泗州溺尤甚巡史饒京有開閘橋保祖陵之疏邑人喬可聘偕興化吳甡山陽人夏曰瑚全椒人金光宸上疏略曰祖陵形勢龍脈來自萬里蜿蜒盤結拱山帶江匯五十二湖七十二溪之水而淮與泗合縈紆以成朝宗之勢繇水瀦於洪澤諸湖障以高家等堰所謂湖水諸口不開而自開去水諸山不塞而自塞蓋天生此環卑奧區非人力所能為也邇泗州地形窪下間有泛濫之時而衆水潆迴王氣所鍾說者以為靈秀合聚實在於此況此水僅繞明堂之前而陵寢從未有積水難消之患也按臣饒京雖有八議之疏必講詳察地脈者亦慎之也惟是高家堰三閘所關利害又有不得不言者按高堰北當淮泗之沖南抵清湖之吭地形高峻而淮揚兩郡及高寶興鹽山鹽數十州縣

地形下流懸水數仞建瓴之勢也東北保障全藉此堰若可輕議開洩者近日建議諸口論期未塞民田盡沈水底僅存災黎方且泣對巨淵束手待斃而三閘一開勢必以淮揚為壑行見淮泗諸水滔滔東注將高寶運隄盪為湖海運船擔挽無路則數百萬漕糧何由而達京師各鹽場盡被淹沒資海無策則百餘萬鹽課其問之水濱乎郡邑城池必致沖壞田廬漂溺數百萬生靈悉為魚鼈則數百萬糧稅誰為輸供乎況開濬諸費聚委水衝於逝波若淮揚水患頻仍不可收拾之後勢不得不議築塞又不知費朝廷幾百萬金錢矣今天下脊脊多事司農仰屋嘆者數矣國家財賦半在東南今一舉而阻運道廢鹽課棄兩郡數十州縣生靈之命備災是何可不深長思也議者必曰高堰既不可開則三閘何以設也不知高堰自明興以來從未建閘建之自萬歷二十三年始然未幾旋以堙塞夫歷二百六十餘年開者一時塞者永久固運道民生關係匪細抑亦諳於形家蓄洩之理有利於蓄而不利於開為祖陵地脈計者未嘗不深遠也今高堰日就圮壞議者岌岌乎抱宣房瓠子之憂有地方之責者方急議修築以求鞏固之不暇而可輕言開濬乎臣等生長淮泗之鄉習知地方利害之原乞飭集衆論熟計利害陵寢國計民生所賴之矣疏入帝是其言議遂寢時可聘官中書舍人廷官大理寺寺丞曰瑚官翰林編修光宸官御史

案此疏康熙道光兩志均載入四年圖經據行水金鑑引崇禎長編作六年並辨史志載此疏在四年之非今從之

九年大水 道光志

十二年旱飛蝗北來天日爲昏禾苗食盡道光志

十三年八月旱蝗東西二鄉周匝數百餘里堆積五六尺禾苗一掃罄空草根樹皮無遺種道光志

十四年大旱道光志

十五年大水六月初旬迄七月大雨不止泗水暴發淮隄横衝一望滔天禾盡沈没道光志

清順治四年大水道光志

六年七月決隄一片汪洋無分湖海道光志

九年大旱道光志

十年大旱蝗冬大雪四十餘日道光志

十一年大旱斗米銀三錢五分道光志

十六年大水道光志

康熙元年秋大水道光志

七年大水七月十六日決瀝青溝牐明日地震又狂風十餘日捲巨浪至城下村落廬舍俱爲巨浸道光志

八年八月高郵決溝水潭邑淹沒如前道光志

九年決口未塞田廬仍沒於水道光志

十年大疫宿水淹沒者不能佈種高田已種者被旱蝗

自後累年水災不息道光志

十一年大水溝水潭又決道光志

十二年決口未塞 道光志

十三年清水潭決口塞十四年有秋十五年五月大霖雨清水潭復決高郵江都東堤凡決數十處汪洋六百餘里水及民屋簷民繫舟屋角穿屋爲穴出入其中耕牛無托足地白金五錢易一牛被災之慘是年爲最 道光志

十八年四月清水潭決口塞田畝涸出是年旱蝗野無遺禾 道光志

十九年麥秀三岐旋沒於水 道光志

二十四年大水田廬盡沒 道光志

二十九年旱蝗不爲災道光志

三十二年大水

三十三年大水同治山陽志是年淮黄併溢田禾淹沒

三十五年大水邑人潘鼎烈有丙子七月二十四日湖水大漲居牛伐樹詩道光志

三十六年大水七月禾將登而甚雨驟至界首子嬰隄潰

三十七年大水

三十八年湖水漲漫道光志

三十九年大水

四十四年大水

四十八年大水

五十二年大水東隄決 自田草堂存稿附王懋竑行狀康熙癸巳河水為患東隄潰決有倡開黃浦閘閉竹絡埽之議懋竑作利害辨一篇上聞於邑令其事雖未克濟而持論鑿然可據

五十三年旱

五十四年大水東西鄉田淹沒

五十八年大水

五十九年大水

雍正三年大水

乾隆七年大水 道光志

十八年大水 邑人朱宗伯槐堂集癸酉九月張家溝決賦歲饑行

十九年大水

二十年大水

二十五年大水

四十年旱秋收歉薄嘉慶揚州府志

四十三年大水

四十七年旱蝗道光志

五十年大旱蝗道光志

五十一年六月大雨如注湖黄匯漲山圩五壩及運河五壩全行開放高寶民田被淹嘉慶高郵州志

嘉慶四年大水西鄉環湖低田被淹

七年大水 西鄉徵訪册

八年大水 西鄉徵訪册瓜山嶺聾丁常等莊沿湖一帶圩岸被水衝圮過半

九年大水

十年大水 道光志 西鄉徵訪册是年瓜山嶺聾丁常等莊田多淪於湖時安祀西傳寺等莊沿湖圩岸亦衝圮過半

十一年大水

十三年大水

十五年九月十四日寶應汎東岸廟灣王家莊隄決 同治揚州志 大清會典嘉慶十五年山陽縣運河過水甘泉縣屬及高寶邵湖低處並廟灣決口以下地方間有淹没 劉文淇揚州水道記引南河成案續編徐端奏寶應汎東岸廟灣王家莊地方於九月十四日隄身陡蟄登時過水口門刷寬二十七丈 道光高郵志嘉慶十五年九月寶應廟灣王家莊漫口 按道光志載嘉慶十四年九月十四日運河王家莊隄決與同治揚州志所載時地均同惟有十四年與十五年之微異旁採會典及揚州水道記高郵志等均作十五年且會典又載十四

年山陽縣狀元墩決寶應勸不成災其未決口可知茲據同治揚州志更正

十七年夏大水

十八年大水西鄉時安汜西傅寺等莊田多淪於湖衡羨莊民田亦衝圮幾半（西鄉徵訪册）

十九年夏旱蝗秋水（道光高郵志）

二十年大水（西鄉徵訪册）

二十一年夏大水寶應汎東岸兵三堡西岸兵一堡及袁家房何家房等處均因水長刷動隄坡竹絡埽亦經啟放（同治揚州志）

二十二年大水

二十四年大水西鄉徵訪册

道光元年大水大疫西鄉徵訪册

四年十一月十三日洪澤湖決十三堡田廬多淹沒時湖西村落皆成巨浸災民升樹緣屋危在呼吸之頃邑中樂善者爭買舟冒險拯救全活數千人道光志

六年夏大雨句日高下田多淹沒道光志

八年大水

十一年大水運河決馬棚灣邑田多淹沒道光志

十二年夏大疫秋大水朱鼎澄齋日記

十三年秋大水澄齋日記

十五年秋旱蝗西鄉徵訪册

二十年秋大水澄齋日記

二十一年大水西鄉微訪册

二十六年夏旱秋水光緒高郵志

二十七年大水西鄉微訪册

二十八年夏秋大水河西九莊全遭淹沒最高陸地行舟澄齋日記

二十九年秋大水江湖並溢澄齋日記

咸豐二年六月洪湖三河決口百餘丈寶應湖水驟長五六尺河西潰圩無算澄齋日記

四年河西旱蝗西鄉微訪册　按光緒高郵志是年春汛水未消夏多驟雨秋勘不成災澄齋日記由正月至二月晴天只十數日

且餘恃陰天二月十九日始放晴五月二十六日午後小雨六月初六日雨約六寸餘十一日大雨連綿未有言及旱蝗者與此大異非王錫元盱眙志從載是年旱蝗附識於此以俟考

五年夏秋淫雨連綿河東低田被淹河西雲山出蛟淮水繼漲九莊淹沒幾盡最高陸地行舟澄齋日記

六年五月至八月大旱運河水竭飛蝗遍野同治揚州志

十年夏湖水漲秋大風雨高郵河決小六堡邑田多淹沒光緒高郵志

同治元年三月捻匪竄至河西諸莊廬舍焚燬幾盡人民流離未獲耕作歲大饑西鄉微訪册

五年六月二十九日高郵清水潭二閘隄決口二百數

十丈橫流入境田廬被淹甚多 朱鳳韶逸園日涉錄

九年大水 西鄉徵訪册

十二年旱蝗 西鄉徵訪册

十三年旱蝗 西鄉徵訪册

光緒元年旱蝗 西鄉徵訪册

二年旱蝗 西鄉徵訪册

四年大水 西鄉徵訪册

八年大水 西鄉徵訪册

九年大水 西鄉徵訪册

十三年五月鄰境盱眙縣仇家集蛟發西鄉被水八月

黃河決鄭州口淮水復漲二麥未獲播種 西鄉微訪冊

十五年秋大水 西鄉微訪冊

十七年旱蝗 逸閣口沙錄

二十三年大水 西鄉微訪冊

二十九年大水 西鄉微訪冊

三十二年大水西鄉田廬淹沒幾盡東鄉低田亦被淹 逸閣口沙錄

三十三年麥秀雙歧 微訪冊

宣統元年夏大水 西鄉微訪冊

二年夏六月二十九日大雨幾及二尺全境低田都被

淹沒東南北城垣圮數處西城內隍土亦多坍塌逸園日抄錄

三年浴禮字河祠西鄉徵訪册

蠲恤

元至順二年四月以高郵寶應等縣去歲水並免其租

元史

明正統五年江淮大饑人相食天子遣戶部主事何來學賑濟募民出粟一千石者復其家邑人陳綱出粟至一千五百石活人甚衆道光志 嘉慶高郵志何來學作郝來學

宏治十六年夏大旱邑人仲本出私粟振饑圖經引萬曆興化縣志

嘉靖二十年大水巡撫都御史周金奏免稅糧發倉穀

五千石賑饑民康熙志

隆慶三年十一月免淮安府徐州府高郵州寶應縣歲徵追捕民壯軍餉三萬四千餘兩續文獻通考

萬曆十六年旱大疫帝發帑金遣戶科給事中𤁋養浩賑之康熙志

十八年夏初大水雨雹秋旱帝遣給事中楊文舉賑之康熙志

二十一年夏大水帝發兩宮銀賑之康熙志

二十三年九月帝以淮水爲患其歲還漕糧暫准改折一年神宗實錄

【崇禎】泰州志

（明）李自滋修　（明）劉萬春纂

清康熙五十八年（1719）魏錫祚增修本

災祥

宋

乾德二年山水暴漲壞廬舍數百區牛畜死者甚衆　三年湖溢損民田　太平興國四年雨水害稼　大中祥符六年生聖米大如芡蕢　天禧元年江淮大風吹蝗入江海或抱草本僵死　天聖五年三月地震　皇祐三年獲白兎淫雨爲災

政和五年六月獲白兎水流民戶一千餘户　乾道元年正月火燔民舍幾盡　淳熙三年蝗　五年黑鼠食禾無遺穗民大饑　六年大饑人食草木　紹熙二年蝗

元大德九年蝗　至正元年海潮湧溢溺死幾二千人　十七年州民劉子彬親墓木生連理

明朝正統十四年水　成化六年秋至七年春大旱揚州河迤東逼泰一路水盡涸鹽車咿啞之聲晝夜不絕　二十年秋至二十一年冬大旱河水盡涸舟楫不通車聲無間晝夜斗粟可以易男女　弘

治十六年旱饑　正德三年旱饑　七年七月夜
大風海潮泛溢渰没場竈廬舍大半溺死以千計
十二年水夏麥初登漂泛殆盡秋禾方盛渰没
無餘　十三年大水賑　嘉靖元年七月大風拔
木海潮泛溢居民廬舍漂没幾半　二年夏旱秋
水衝決河堤漂没田廬歲大饑兼以疫作死亡無
算蠲賑　三年春大饑　十四年六月飛蝗蔽天
賑　十五年春夏旱秋霪雨不止水没田禾免稅
十八年海潮泛溢　二十年旱蠲賑　二十四
年大旱無禾賑　二十五年大旱賑　二十八年

夏大水　三十一年水賑　三十二年大旱兼倭
夷變賑　三十三年大旱城濠竭倭寇入東臺河
垛拼茶等場越海安鎮　三十四年旱河水盡涸
復大雨如注一晝夜兩壩俱決禾稼盡没賑　三
十七年水　三十八年五月倭夷入寇州民狼狽
逃竄麥苗蹂踏殆盡　隆慶元年大稔有升米三
錢之謠　二年亦大稔彗星見民間訛傳選宮女
里中未字未笄者一時婚嫁殆盡　三年秋大水
河决高家堰又决黄浦口奔騰洶湧萬姓爭載舟
結筏避之溺死無算　四年旱螽食禾饑賑　五

年大水　六年潦民饑　萬曆元年大稔　二年河決水入市渰没同隆慶三年賑　三年大風壞木傷禾　四年霖雨禾苗生耳米價騰貴　五年苦雨彗星告變　六年大水十二月雷　七年潦民饑八月洪水至幾没城市萬曆錢鑄民稱不便相率罷市　九年潦　十一年閏二月雨雹如鷄子殺飛鳥無數　十三年大水海水溢　十四年五月颶風霪雨廿旬不止廬舍壞城頹四百八十餘丈居民懸甑以炊浮木以棲　十五年烈風盆雨大作田禾渰没　十六年春夏疫　十七年大

旱七月飛蝗蔽天　十九年水　二十一年大水
二十三年水　二十四年水　二十六年水
二十九年水　三十年水　三十一年夏秋大疫
歲稔　三十五年夏旱　三十六年水　三十九
年水　四十年水　四十一年大稔　四十二年
雨雹傷稼　四十五年旱甚蝗飛蔽天三日不絕
四十六年稔　四十七年大旱歿折　四十八
年水歿折　天啓元年民間訛傳選后妃婦女就
婚嫁者無數　二年大稔　三年十一月地震
四年稔　五年七月城隍廟大殿災　六年七月

初二日大風拔木秋旱蝗冬雨木冰　七年水傷禾稼　崇禎元年稔　四年夏旱秋七月大水衝决湖堤民大饑冬月道殣相望　五年春寇盜充斥夏旱六月望日大風拔木八月淮再决漂禾稼　六年水六月廿五日大風雨江水橫溢溺死者無算　七年閏八月廿五夜大風雨拔木漂禾稼　八年正月流寇震鄰秋七月飛蝗蔽天　九年五月霪雨傷禾冬無雪　十年夏秋大稔冬三月日入赤光亘天　十一年大旱蝗無禾冬日暮赤光亘天　十二年旱蝗冬無雪赤光亘天　十三

年大旱蝗四月至七月不雨河流竭無禾民饑流亡人相食　十四年大疫蝗夏五月六月七月不雨河竭無禾至無水可汲　十五年五月十四日大雨雹秋半稔　十六年稔

外史氏曰春秋書災不書祥而兹並書者何春秋經也經重修省故獨書災志史也史重紀載故併書祥然災祥雖不同而天心之仁愛則一君子當因災轉祥慎勿使因祥轉災則可古者回風滅火熒惑退舍省德修政之徵如此

泰州志卷之七終

【道光】泰州志

（清）王有慶等修
（清）陳世鎔等纂

清光緒三十四年（1908）補刻本

祥異

宋文帝元嘉十九年五月海陵王文秀獲白烏南兗州

刺史臨川王義慶以獻（宋書符瑞志）

孝武帝大明二年三月見雙白雉

唐文宗太和四年十一月海陵火（新唐書五行志）

宣宗大中六年夏饑海陵高郵民於官河中漉得異米號聖米（同上）

僖宗乾符六年二月泰州管內四縣生聖米大如芡實（雍正府志）

宋太祖乾德二年七月泰州潮水漲壞居民廬舍數百區溺牛畜甚衆（宋史五行志）

三年七月泰州潮水損鹽城縣民田（同上）

開寶元年七月泰州潮水害稼同上

太宗太平興國四年泰州雨水害稼同上

真宗咸平二年海陵縣麥秀二三穗同上

大中祥符四年十一月楚泰州潮水害田水多溺者同上

二年二月已亥泰州言海陵草中生聖米可濟饑宋史真宗紀

仁宗天聖五年三月泰州地震宋史五行志

皇祐三年十二月泰州獲白兔同上

神宗熙寧時淮西連歲蝗旱居民艱食過泰農田中

生菌被野飢民得以采食王闢之澠水燕談

元豐四年七月泰州海風駕大雨漂浸州城壞公私舍數千楹宋史五行志

徽宗崇寧四年泰州禾生穟宋史徽宗紀

政和五年六月泰州軍獲白兎宋史五行志

孝宗乾道元年正月泰州火燔民舍幾盡宋史五行志

淳熙五年八月淮東通泰楚高郵黑鼠食禾既歲大饑同上

六年通泰楚州高郵軍大饑人食草木同上

九年七月淮甸大蝗真揚泰州窖撲蝗五千斛同上

光宗紹熙二年五月眞揚泰楚皆旱同上

七月高郵縣蝗至於泰州同上　案高郵於紹興三十一年復爲軍縣字宋史誤

五年五月泰州大水同上

寧宗慶元六年泰州乏食節宋史五行志　案是年建康府常潤揚楚通泰和七州江陰軍旱見寧宗紀

理宗淳祐十一年泰州風宋史五行志

元

世祖至元十八年四月泰州饑元史世祖紀

成宗大德五年七月江水暴風大溢高四五丈連崇明通泰眞州定江之地漂没廬舍被災者三萬四

千八百餘戶元史五行志續志雍正府志俱誤作二年

案是月戊戌潮盡晦暴風起東北雨雹兼發江湖泛溢東起通泰崇明西盡真州民被災死者不可勝計見成宗紀

九年六月通泰蝗元史五行志

順帝至正元年崇明通泰等州海潮湧溢溺死一千六百餘人元史順帝紀

十七年泰州海陵縣民劉子彬親墓木生連理雍正府志

明

太祖洪武二十二年七月海潮漲溢壞捍海堰漂溺

呂四等場鹽丁三萬餘口舊志

英宗正統十四年泰州等處水災舊志

憲宗成化三年七月海溢壞堰六十九處雍正府志

六年秋至七年春大旱運河竭七月大雨海潮漲壞各場鹽倉居民垣屋舊志

孝宗宏治十六年旱疫舊志

武宗正德三年旱饑舊志 案是歲揚州饑見明史五行志

七年七月夜大風海溢沒場亭廬舍人死千計舊志

十二年大水舊志

十三年大水同上 案十四年淮揚饑人相食見明史武宗紀

世祖嘉靖元年七月大風海溢民廬漂没同上

二年秋大水民饑疫作雍正府志

三年春大饑

十四年六月蝗○十五年春夏旱秋潦没田禾

十八年閏七月海潮暴至溺死數千人府志

二十年旱○二十四年旱無禾

二十五年旱無禾○二十八年夏大水

三十一年水○三十二年大旱案是年饑見明史五行志

三十三年大旱城濠竭案是年揚州旱見明史五行志

三十四年旱忽大雨二日夜雨壩俱决禾盡没

三十五年大水廬舍漂没○三十七年水

穆宗隆慶元年大稔升米三錢案舊志作斗米三錢今從府志斗米易升

二年大稔

三年大水海潮溢舟行城市漂溺無算

四年旱蝗○五年六年饑

神宗萬厤元年大稔

二年河決水患同隆慶三年案三年二月淮揚大水八月河決高郵見明史五行志此云二年或係三年之譌

三年大風壞木傷禾○四年多雨穀貴

五年多雨彗見府志云九月彗星見西南○六年大水冬雷

七年潦民飢八月洪水至府志作八年洪水至未知孰是

九年潦案十年淮揚海漲浸鹽場三十溺死二千六百餘人見明史五行志

十一年閏二月二十八日雨雹如卵殺飛鳥夏旱

多蝗鶖鴿食之

十三年大水海溢

十四年五月颶風驟雨連旬不止城頹四百八十

餘丈廬舍盡壞民浮木以棲

十五年烈風暴雨沒禾稼〇十六年春夏疫

十七年旱蝗案十七年十八年旱蝗相仍下河茭葑之田盡成赤地見雍正府志

十九年水案是年湖淮漲溢決邵伯隄六十餘丈高郵南北俱衝見明史五行志

二十一年大水泰是年大水決湖隄見明史五行志

二十三年水○二十四年水

二十五年雨粟雨毛

二十六年水○二十九年水○三十年水

三十一年稔夏秋大疫○三十五年夏旱

三十六年水○三十九年水○四十年水

四十一年大稔

四十二年雨雹傷稼○四十五年旱蝗

四十六年稔

四十七年大旱○四十八年水

熹宗天啟二年大稔

三年十一月地震十二月揚州地震見雍正府志

四年稔

六年七月大風拔木秋蝗旱〇七年水傷稼

懷宗崇禎元年稔

四年夏旱秋大水決湖隄民飢道殣相望

五年夏旱六月十五日大風拔木八月淮決漂禾稼案是年饑流殍載道見明史五行志

七年閏八月二十五夜大風雨拔木漂禾稼

八年七月蝗

九年夏霪雨傷禾冬無雪

十年大稔冬日入赤光亘天

十一年旱蝗無禾冬日入赤光亘天

十二年旱蝗冬無雪赤光亘天

十三年四月至七月不雨河竭無禾人相食

十四年五月六月七月不雨河竭無禾蝗疫

十五年五月雨雹破屋壓殺牛畜

十六年稔以上俱舊志

國朝

世祖章皇帝順治元年稔

二年麥秀兩歧〇三年大稔

四年水潰隄決〇七年旱

十七年稔

聖祖仁皇帝康熙元年稔

五年五月朔有霜見府志

七年大水是年清水潭決見興化縣志

十年旱〇十二年水〇十四年水

十五年水是年清水潭決見興化縣志〇十六年水

十八年蝗旱〇十九年水〇二十一年水涸

二十四年水〇三十二年水〇三十五年大水

三十六年水〇三十七年水

四十四年水〇四十六年旱〇五十二年旱

五十四年水〇五十五年旱〇五十八年水

五十九年水〇是年諸生王胥原家產紫芝一本

世宗憲皇帝雍正元年大稔

二年海水泛漲淹沒官民田地八百餘頃

四年稔〇五年稔〇六年大稔以上舊志

七年夏旱蝗〇八年六月二十一日大風海溢

九年冬十月地震

十年秋七月十七十八日大風雨壞屋拔木

十一年稔

十二年大風壞屋海潮溢

十三年秋大水冬雨黑豆

高宗純皇帝乾隆三年秋大旱河竭○五年海溢冬大寒

六年大稔

七年夏秋淫雨漕隄決漂溺人民廬舍案是年七月開五壩堵南北水關上下兩河田廬盡沒見高郵州志

八年夏大水○九年春雨雹秋旱蝗

十年秋海溢冬大雪

十二年秋七月十四十五十六日大風潮溢淹損通

泰屬鹽場男婦丁口見鹽法志

十三年夏五月暴風雨雹拔木壞屋

十四年正月朔五色雲見見如皋縣志

十五年大雨

十八年九月雨淮水驟至壞范隄漂溺人民廬舍案是年七月車邏壩石脊封土前後決開六十餘丈諸壩齊開上下河田盡淹見高郵州志

十九年八月初二日大風潮溢淹角斜場男婦人口

二十年七月十四十五日風雨大作淹場亭竈地八上見鹽法志

二十一年漕隄決大水大疫

二十三年大稔

二十四年八月初二日初三日大風潮溢淹没場亭
禾稼

二十五年五月連雨四十日大水

二十六年積水未退秋大風潮溢

二十八年稔

三十三年夏秋大旱河竭案是年分置東臺縣

三十四年稔秋彗星見

三十五年稔

三十七年大稔秋大風潮溢

三十八年稔

三十九年大旱○四十年夏秋不雨蝗

四十一年稔○四十二年稔

四十三年夏秋旱○四十六年秋大風潮溢

四十七年秋旱

四十八年大稔

四十九年冬旱

五十年大旱蝗無麥無禾河港盡涸民大飢米石價十千麥石價五千自三月不雨至明年二月雨

五十一年春大疫秋七月水○五十二年水

五十三年大稔米石價一千三百

五十四年蝗蝻滅秋稔

五十五年春三月雨雹夏旱秋水冬十二月大雪

五十六年稔

五十七年五月三日大雨雹十二月雷

五十八年稔

五十九年田中黍稭結成太平壽等字

仁宗睿皇帝嘉慶元年稔

三年旱

四年七月初三初四日大風潮溢

五年稔○六年稔

七年旱

八年稔

九年春旱秋水

十年六月大風雨海潮溢江漲淮水驟發開五壩水

淹下河民多流徙

十一年春民飢食水中蘋及榆皮河魚湧出人爭取

之夏旱疫六月荷花塘決漂沒下河田廬無算歲

大祲

十二年旱無禾

十三年春旱秋荷花塘再決災如十年十一年

十四年旱冬雨土如錢〇十五年旱

十六年七月彗星見十月沒

十七年淮水漲溢下河成災

十八年春旱秋淮水至

十九年夏秋大旱無禾河涸井泉竭米價石五千

二十年春疫四月大雨秋淮水至

二十一年二月十七日雪夏淮水漲不爲災秋稔

二十二年稔

二十三年秋淮水至不爲災

二十四年稔

二十五年八月太白晝見

皇

道光元年五星聯珠歲大稔

二年稔秋九月淮水至不爲災

三年秋七月初三日大雨平地水數尺鮑家壩決下河禾稼被淹

四年夏旱秋稔冬十一月十二日大風拔木兩晝夜不止高埝十三堡決湖水溢出五壩全啟漕堤東[illegible][illegible]東遷五里等壩俱開水趨下河

五年夏麥秀雙岐秋稔

六年夏淮水漲溢南關東壩等五壩俱開下河田廬盡被漂没民多流徙

【民國】續纂泰州志

鄭輔東修　王貽牟纂

抄本

祥異

道光八年秋大水

九年夏六月地震

十一年夏運河决馬棚灣次日張家溝復溢下河

田多淹没秋八月地震九月地再震

十二年春大饑斗米錢五百文民食榆皮草根及觀音粉餓殍載道

十三年秋大水

十四年秋七月地震

十五年夏麥熟不雨秋七月大風拔木壞屋無算

十六年蝗不為災

十七年設局收買蝻子六月蝗大作

十八年除夕大雷電雨雹

十九年秋大水

二十年秋大水

二十一年秋大水

二十二年秋大熱

二十四年秋大水不成災

二十五年秋大水多風雨

二十六年夏旱秋大水不成災

二十七年春夏少雨秋大水

二十八年夏大風雨江淮湖海同漲平地水深数
尺歲大歉

二十九年秋大雨水

三十年秋大水

咸豐元年海潮漲溢決范公堤

二年夏地震

三年彗星見太白晝見

四年歉收

五年洪水下注歲大歉

六年五月至八月大旱運河水涸赤地千里飛蝗蔽天

七年春夏旱秋歉收

八年夏大旱

九年歉收

十年閏三月坡子街火災延燒數十家樵軍樓燬

秋大水小六堡邊口

十一年秋八月丁巳朔五星聚奎日月合璧

同治元年稔

二年夏地震

三年旱勘不成災

四年彩衣街災

五年夏七月初六日大雷雨覺正寺前文昌閣焚

秋湖水盛漲清水潭決下河田廬漂沒禾稼盡淹

六年夏旱七月初二日大雨三日歉颶風三日息
七年歉熟不齊粟曉
八年夏旱秋多雨歉收
九年春多雨雪秋旱禾多白莠
十年旱不成災
十一年夏六月地震
十二年夏旱
十三年夏禾生蟲多不實
光緒元年秋得雨遲收成歉薄
二年夏旱蝗人剪辮雞剪翅飛針飛血飛印紙人

紙馬妖異疊見

三年夏大風拔木漕粮三價

四年夏蝗不為災

五年夏不成水災秋大熟

六年夏彗星見

七年中稔

八年夏彗星見秋大雨十五晝夜

九年稔太平坊某婦孕產犬二首

十年麥秀兩岐

十一年稔冬大雪雨

十二年冬桃李華文峯塔燬於火
十三年稔
十四年秋疫
十五年稔
十六年稔
十七年春二月大風拔木
十八年冬奇寒草木多死雞卵凍裂
十九年秋酷熱九月雨雪
二十年稔
二十一年稔

二十二年春正月大霧雨雪卉木槎枒皆成瓊花瑶葉是為霧淞夏雞翦翅秋九月雷電奇寒雨雪

二十三年秋大水不成災

二十四年元旦日食春大雪深數尺夏大雨傷麥

二十五年稔

二十六年秋大水

二十七年秋大疫

二十八年夏大風拔木

二十九年夏大雨秋歉

三十年稔冬十二月十二日大雷電雨擊火星廟

旁桑樹成木屑

三十一年稔

三十二年秋大雨湖水漲溢東邊五里等垻俱開

下河田廬半為淹沒冬麥不下種

三十三年春大饑穀價奇貴石米十千餘秋彗星見

三十四年稔秋疫

宣統元年稔

二年秋歉收

三年稔

【光緒】泰興縣志

（清）楊激雲修　（清）顧曾烜纂

清光緒十二年（1886）刻本

志餘一　　泰興縣志末

述異

氛祲災眚何地蔑有邑所恆患厥咎沴水其脩備之故詳於河渠捄䘏之經章於賦役復於末簡具列歲變繫以他異稽往察來得毋有塵於其隱者乎

後周世宗顯德六年有龍躍於江中是年大饑

宋太祖建隆二年饑　乾德二年夏四月潮壞民田　秋七月復漲　三年夏六月暴風潮溢

太宗太平興國四年雨水害稼　雍熙二年冬十有二月江水冰　淳化四年饑

眞宗咸平六年潮溢　大中祥符二年大水　五年旱

六年秋七月潮溢　天禧元年夏旱蝗　乾興元年水

仁宗天聖四年大水　五年春三月地震　明道元年大

旱饑　二年復饑　寶元四年旱蝗　慶曆四年旱　嘉

祐六年霪雨爲災

神宗熙甯六年饑　七年自春三月不雨至秋九月　元

豐四年春大水

哲宗元祐八年秋八月大水

徽宗崇甯元年夏蝗　大觀二年大旱　政和元年旱

重和元年大水漂溺亡算　宣和五年饑

高宗建炎二年夏六月蝗　紹興元年饑　三年大旱疫　六年夏五月大旱　十二年秋旱　十八年饑　二十七年大水　三十二年夏蝗

孝宗隆興二年霪雨傷稼　乾道三年秋八月霪雨禾粟多腐　七年旱　淳熙二年螟食禾盡　三年夏雨傷稼　秋七月大蝗日捕數十車羣飛絶江　五年秋八月黑鼠食禾盡　六年大饑　七年復饑　八年旱　十六年夏五月水

光宗紹熙二年大旱蝗　四年大水

甯宗慶元元年饑　六年旱　開禧二年饑　嘉定元年

大饑人刲道殣食盡發瘞胔以繼　十一年旱　十六年大水無麥禾

理宗紹定四年大水　淳祐二年夏五月螟　六年大蝗

景定五年自春二月不雨至夏六月　六年大蝗　寶祐四年春正月沙埠產芝

度宗德祐二年大饑人相食

元世祖至正十七年饑　二十九年大水

成宗元貞三年大水　大德二年秋七月暴風江水溢高四五丈　九年夏蝗　秋七月大水　十一年夏六月水

武宗至大元年饑

仁宗延祐二年饑
英宗至治元年蝗　三年饑
泰定帝泰定二年潮溢
文宗天歷三年夏五月潮溢　至順四年旱饑
順帝元統元年夏雨傷禾　至正二年秋八月江一夕竭
九年夏五月張村麒麟出旋斃　十二年江濱葦荻多
作刀戟狀　十五年羣鼠相擁渡江
明太祖洪武十二年江溢　二十五年旱
成祖永樂八年江潮漲四日漂人畜甚衆
宣宗宣德五年饑

英宗正統五年大旱饑　九年潮溢　十四年大水

景帝景泰二年饑　五年夏五月大雪竹木多凍死秋七月復大雪冰厚三尺　六年潮溢　七年旱蝗

英宗天順元年水　四年又水

憲宗成化元年水　六年秋至七年春不雨河竭成陸　八年復大旱是秋江溢　十三年蝻食禾稼　十八年至二十三年連歲大無

孝宗宏治十六年夏秋大旱疫　十七年饑

武宗正德七年秋七月大風雨潮溢　十一年霪雨傷稼雷擊文廟東柱　十二年大水無麥

世宗嘉靖元年秋七月震雷大雨雹潮溢　二年自春正月不雨至夏六月　秋七月霪雨不止　八年秋七月飛蝗蔽天　九年冬雷　十年潮溢　十二年春無麥　十四年大旱蝗　十九年夏旱　秋大水　二十年春大水夏旱蝗　三十三年旱　三十七年大水　三十八年夏秋旱　三十九年大饑人食草木

穆宗隆慶元年麥秀三岐　二年春正月雷地震　秋七月潮溢　三年夏六月潮溢大風壞屋　四年蟊食禾

神宗萬曆二年秋七月暴風雨潮沒人畜亡算　三年夏六月大風潮復溢　六年冬大雪冰飛鳥墮地死　七年

蟊食麥　八年麥數歧穟不及半　冬地震有聲　九年大風潮溢　十年十一年皆大有年斗米錢三十　十六年大旱饑而不害　十七年復旱饑　十九年麥三歧牛雙犢歲大有　二十一年大水雨黑黍地震　二十五年水嘯　二十六年霪雨無麥　三十九年大白晝見　四十一年夏大蝗秋無禾　四十三年大饑地震　四十四年秋八月日光摩盪有五六日並出經月始滅

熹宗天啟元年春二月雨雹　夏四月朔日食不見　三年冬十有二月地震有聲如雷　四年饑　五年夏大旱

六年夏六月地震

莊烈帝崇正元年春雨雹大雪雪中聞雷　秋七月癸酉大風至八月辛卯止沿江田地半坍於江　冬十有一月癸未雷乙酉大昏霧著草木皆冰　三年秋八月潮溢冬日中虹見日旁有兩日　四年自夏五月雨至秋七月六年大旱河皆龜坼　七年春正月戊子雷震雨雹冬十月大白經天十有一月再經天　十有二月丁亥雷九年春正月雨黑豆滿野拾之須臾盈匊味甘苦不一十年春正月朔日食至二月晦日始出色赤如血無光是年大疫　十二年蝗飛蔽天　十三年蝗食草木葉皆盡　十四年自春不雨至冬溪河涸竭蝗蝻復生民大饑

疫　十六年冬十有一月雷大震　十七年春三月大白
經天大疫
國朝順治二年秋九月甘露降　三年春三月苦雨淹麥
四年大旱疫　五年夏雨傷稼秋旱　六年夏六月龍
見於江　秋七月旱　八年大水　冬十有一月木介經
旬　十一年夏六月颶風湧潮　十五年秋八月地震
康熙二年春正月震雷達旦自夏五月不雨至秋七月
九月雨不止江鄉被汨農民棄田轉徙　四年大水　七
年秋七月地震河水爲之激盪　十年夏六月旱異暑有
暍死者　十一年蝗　十二年潮溢　十三年春正月木

介三日　十六年江溢水入城中民舍　二十二年春夏緜雨黑蟲食麥　三十年春正月朔木介越日復介　三十五年潮溢溺人亡算　三十六年夏四月麥秀兩歧　三十八年大旱蝗　四十年大有年　四十三年春雷震學宮明倫堂壁　四十四年大水　五十年大饑　五十三年夏旱異暑　五十六年冬十月雷　五十七年大雪盈丈

雍正元年霪雨傷稼　三年蝗　十年秋潮溢　十一年大饑　十二年夏大雨行潦成渠

乾隆元年夏四月大風雨水溢市衢　三年秋大旱河竭

五年秋洲田蟲災　冬異寒　九年蝗　十二年潮溢
傷禾　十四年春正月朔五色雲見　十九年夏大水
二十年自春二月雨至秋八月江暴溢　冬大雪大饑
二十一年春大饑升米百錢　夏大疫比戶無免者　四
十六年秋大風潮溢　五十年大旱　五十一年春旱夏
六月始雨大饑疫　五十五年夏四月大雨冰麥盡損赤
地數十里　六十年麥穗雙歧有四五穗並一莖者
嘉慶九年秋七月潮溢衝坍田地數十頃　十二年秋七
月大雨雹　十九年夏大旱河盡涸
道光元年四星聚於壁　夏秋大疫有一日連斃數十人

者有一家數口盡斃者　十一年夏大雨潮溢大饑　十三年秋大風潮溢日光作淡綠色　十八年潮溢　二十年饑　二十三年夏旱　二十八年夏六月壬戌颶風作自寅至申未巳江暴溢平地水深數尺歲大歉

咸豐三年春正月有火如星如燐以千百計自西南趨東北隱隱聞甲馬聲　邑北郭家社民鑿池得一物如龍角徑五尺　城北茶庵旁夜有白光三日　城西屋瓦無故飛擊數日乃止　夏四月五月地數震　六年夏秋亢旱飛蝗蔽天歲大歉　十年春三月大雪　十一年秋八月丁巳朔日月合璧五星聚奎

同治二年冬桃杏華　六年夏疫雞翅生爪　十一年春
三月雨雹　夏五月地震　十二年夏旱
光緒二年夏旱蝗　八年潮災　九年秋七月大風雷雨
傷稼江暴溢　十年春饑　十一年春雨黑豆

【宣統】泰興縣志續

王元章修　金鉽纂

民國二十二年（1933）刻本

泰興縣志續卷十二

志餘

述異

光緒二年十月蘇省本年自夏徂秋恒暘缺雨江北被旱光宣以下東華續錄

三年六月蘇浙地方猝遇大風有倒塌房屋損壞船隻之事

又九月本年江蘇安徽兩省飛蝗害稼其麕聚地方竟至堆積盈尺

八年六月江蘇地震

又七月江蘇等省均有被災之處
九年八月本年七月風雨猛驟爲近數十年所未有致江陰南北岸各處明暗礮臺各臺壘等類均有損壞
十一年九月蘇省沿江各屬被淹
十四年三月江蘇地震
十五年十月本年江蘇久雨爲災自八月以來連旬不止
十八年春夏間江淮等屬被水被旱按劉坤一奎俊奏有甘泉縣成災及毗連災區已歷成熟復被歉收舉泰州如皋等州縣當有泰興在內
二十四年十二月本年山東江蘇地方連被災歉
二十一年江蘇寧屬上元等三十三州縣災

又十一月本年蘇省水災按東華續錄所載均爲廣區特以別無可據姑存之又光緒二十七年六月大雨兼旬西南各鄉間被淹浸宣統三年水災僅此二則見於區域志河渠建置志義守兩篇故不備列

泰興縣志續卷十二終

王元章修　金鉽纂

【民国】泰興縣志校

民國二十二年（1933）刻本

志餘第七

逃異

縣志紀祥異增於康熙嘉慶兩志及康熙雍正兩揚州府志乾隆光緒兩通州志者數倍不知所據何書徧考宋元明三史之本紀五行志文獻通考續通考之物異考續通志之災祥略無一合者殊不可解

後周世宗顯德六年有龍躍於江中是年大饑按宋史五行志及文獻通考物異考載宋太祖從周世宗征淮南戰於江亭有龍自水中向太祖奮躍識者辯異以為出潛之

兆此事與泰興何涉資治通鑑載是年二月淮南飢是否有泰興在內無從知之矣

宋太祖建隆二年飢考續通鑑載是年十月濠楚民飢乾德二年夏四月潮壞民田而文獻通考所紀爲揚州廣陵揚子等縣均與泰興不涉　秋七月復漲文獻通考作泰州山水暴漲則非潮按泰無山此句疑有誤字　孝宗淳熙十六年夏五月水宋史五行志文獻通考作霖雨霖雨非水也　光宗紹熙四年大水文獻通考則稱是年旱其不合如此　寧宗嘉定十六年大水文獻通考作霖雨及大風雨此則與淳熙十六年同一差異　理宗寶祐四年沙埠生芝考

康熙揚州府志云沙埠生芝一本三莖高一尺四寸色紫赤

元成宗元貞三年大水元史五行志續文獻通考則均在二年但云水而已　大德二年秋七月暴風江水溢元史成宗紀在五年而志又語焉不詳　九年夏蝗元史五行志作六月通泰靖海武清等州縣蝗元時泰興屬揚州非通泰境　文宗至順四年旱饑順帝元統元年夏雨傷禾按元史本紀文宗以至順三年八月崩十月寧宗即位十一月崩四年六月順帝即位十月詔改至順四年爲元統元年是文宗無至順四年元統元年亦無夏也考順帝本

紀至順四年六月兩淮旱民大饑是時實即元統元年之夏而縣志書曰雨傷不同時一事兩川水旱互異可怪也

至正九年張村麒麟出旋斃考康熙揚州府志云村民以爲妖箠殺之馬令圖其形士大夫賦詩紀事其至正之正則誤作元

明成祖永樂八年江潮漲四日明史五行志在九年六月

景帝景泰五年夏五月大雪秋七月復大雪冰厚三尺此事康熙嘉慶兩志不載縣志據光緒通州志增入而實始於乾隆通州志雍正揚州府志乾隆江南通志亦均載此事 考明史五行志景泰四年冬大雪至明年孟春淮徐大雪數尺淮東之海冰

四十餘里雪旣不降於夏秋之際其地又在淮徐泳者則爲海水惟是年是月則揚州府大水耳　憲宗成化六年秋至七年春不雨河竭成陸考雍正揚州府志作揚州大旱運河竭泰興無運河也　十八年至二十三年連歲大無考明史五行志及續文獻通考但言十九年揚州府飢不云連歲也　神宗萬厤二一年秋七月暴風雨潮没人畜無算按明通鑑是年揚州等處積雨河溢兩淮所轄呂四等場惡風暴雨江海驟漲人畜淹没廬舍傾圮廩鹽漂蕩然則縣志所載明明非泰興縣境事也　十一年大有年明通鑑載十二年二一月免揚州被災稅糧蠲恤之詔出於

春初其被災當為十一年此亦事實差異之甚者也

清康熙十二年潮溢考東華錄載是年九月江寧巡撫馬祜奏淮揚地方清水潭石隄復決黃淮水勢瀰漫高寶等一十八州縣衞被災泰興所處地較偏遠是否與高寶等縣同受黃淮之害固未可知而此水災之非由於江潮泛濫則顯然矣

縣志所載於官書可考徵者宋太宗太平興國四年文獻通考作三月泰州雨水害禾稼仁宗天聖五年宋史五行志作三月泰州地震高宗紹興十二年文獻通考宋史五行志作秋淮東旱光宗紹熙二年文獻通考宋史五行志

作通泰旱泰州蝗寧宗開禧二年宋史五行志作淮東飢元世祖至正二十九年正爲元之誤字其上文云至正十七年飢者亦然元史五行志續文獻通考作六月揚州郡大水成宗大德九年元史成宗紀作七月揚州之泰興水英宗至治元年元史英宗紀及五行志續文獻通考作泰興蝗本紀在八月五行志在七月續通考同

明英宗正統九年明史五行志作揚子江沙洲潮水溢漲景帝景泰七年明史五行志作揚州大旱蝗按此條亦見名山藏英宗天順四年國榷作九月泰興水災世宗嘉靖三十三年明史五行志作揚州旱穆宗隆慶元年康熙江南通志作泰州大稔泰興縣麥秀三岐神宗萬厤四十三年明史

五行志續文獻通考作二月揚州地震明通鑑亦在是年二月三書皆不言大飢也熹宗天啟三年明史五行志續文獻通考作十二月南畿六府二州俱地震揚州府尤甚明通鑑作淮揚地震清順治六年雍正揚州府志作七年揚州旱康熙二年東華錄作江南鳳淮揚府屬十五州縣旱災七年雍正揚州府志作夏六月揚州地震三十五年皇朝通志作黃淮秋漲淮揚等處水東華錄於三十六年書淮揚徐三府州去年水災四十四年皇朝通志作揚府屬水東華錄作泰州等州縣衛水災此亦僅校證得十之一二而已縣志尚有數則如宋哲宗元祐八年宋史本紀作淮南水災徽宗崇寧元年宋史本紀作淮南蝗大觀二年宋史本紀在三年作江淮旱

政和元年宋史本紀作淮南旱高宗建炎二年宋史本紀作淮甸蝗紹興元年宋史五行志作淮南飢民流常州平江府者多殍死理宗淳祐二年宋史五行志作兩淮蝗元順帝至正十二年雍正揚州府志是年江淮蘆荻多爲旗槍人馬之狀節間析開有紅帛成天下太平四字縣志所載似即本此淮南江淮淮甸兩淮地域較廣不能知其有無關於泰興也

【咸豐】靖江縣志稿

（清）于作新修　（清）潘泉纂

清咸豐七年（1857）木活字本

祲祥

明洪武二十年旱

二十五年旱

二十九年大旱沙心苗稿死

永樂三年風潮雨浹旬

十一年七月風潮漂没民居有石香爐大如斛從潮浮至停東卜圖田内有居民朱䝕因其址作孝蠁庵爲祀先台族之所

宣德四年旱民飢

六年秋大風潮

九年孟夏旱秋大潮

景泰四年十二月大雪木氷

五年正月大雪深三尺　五月雨風潮歲大祲

六年夏旱蝗歲祲

天順四年秋雨風潮歲祲

八年八月雨風潮歲祲

成化元年七月風潮

二年五月風潮

七年夏旱秋潮歲祲

十七年春夏大旱秋大風雨潮淹沒田廬人多溺死歲大祲

十八年秋旱歲祲

十九年大水歲祲

二十一年秋大旱歲祲

二十三年旱

宏治元年五月大風雨潮淹死老幼男婦二千九百五十一口漂去民居一千五百四十三間合邑公宇頹圮歲大祲是年孤山登岸

四年風潮

五年風潮

七年風潮

十二年風潮

十四年旱孤山崩東北一角

十六年夏旱秋潮冬大雪深三尺冰堅尺許橙橘皆死歲祲

十八年旱九月十二日地震

正德元年旱歲祲

二年風潮

三年風潮旱

五年夏久雨五月十八日風潮凡境內筀竹紫竹生花結實盡死歲

大祲

六年春夏疫民有滅門者秋七月有大魚見於南洪渡船早發望南洪有物如山長百丈許自西而東良久始知其爲魚鬣占者以爲兵象次年流寇至風潮明知縣殷雲霄水災詩斷苻飄蓬掛樹梢水痕深沒石塘四潮連野郭蛙生竈浪捲茅茨燕失巢橫道死亡于我愧隔江啼哭是誰拋舟青仔細圖逭象歸獻君王涕淚僬

八年風潮

九年夏旱秋潮歲祲

十年秋久雨風潮

十四年正月地震有聲聞之如雷廬舍皆搖動

十五年夏風潮

嘉靖元年春三月有海獸如羊登孤山居民逐之至江入水中

秋七月二十三日大風雨潮漲如海三日邑宇崩塌民廬漂沒死者數萬故老相傳謂宏治元年之潮不及其半歲大祲

二年飢人相食七月瀾港有虎自江南浮至

三年二月地震斗米百錢

五年五星聚營室二月霪雨民廬多傾塌二麥盡死竹節生花

大如豆形如八面色亦肖冬月朱氏盟盆水氷成化其花透起如牡丹狀者三日

七年夏蝗十月地震二十五日白虹亘天

八年六月蝗自西北來蔽天禾田無水者與豆麥俱盡八月十九日夜大雨平地水五尺二十三日大風江涸西風走沙石江中涸半晌江濱民奔取江中物回顧江岸如山少焉水漲多有不及岸而死者

九年三月蝗捕蝗遺種甚多

十年蝗

十一年蝗來自西北蔽天所集竹樹豆草禾苗立盡數日苗長如初秋潮西沙有

虎自江北來鄉人荷鋤向之虎不爲動人亦莫敢逼迫夜虎至邑西南長安寺馬遇之戰慄不前數日忽不見

十二年夏蝗秋潮

十四年夏旱秋大潮民艱食斗米百文錢餓殍載道

十五年四月雨雹積寸許桑麻麥俱死

十六年風潮霪雨

十八年風潮

十九年龍壞民居捲于婆港顧姓人屋俱去 蝗至三日去時林侯相與朱縣尉奇橙禱於社三日蝗盡去

王洪遣蝗歌贈朱古沙有序林鐵齋尹靖江蝗至躬禱孤山古沙屬官率鄉之父老禱於此三日而蝗一日盡去作歌識顛末用徵天人之應云 民之災蝗蟲至壬午月庚子歲雷聲轟轟撼江國北風雨捲雲隨翅須臾屯集畝畝間百萬狂兵橫壓地青苗綠豆闞纖纖忽爲戈矛斬生意乍葉靈根轉眼空縱或餘存亦憔悴田夫田婦哭相向擊鼓鳴鑼走如沸捕獲無方縣官苦籲告皇天奔屬吏七日齋三日祭心與神明日相對感動皇天轉禍機一夜無蹤竟何去蝗蟲去莫向鄰疆復爲祟江空海闊有清波好爲乾坤洗餘厲

二十一年夏旱蝗 劉甫學詩云五斗糠粃三尺布一挑河水五文錢

二十二年夏旱秋潮

二十三年三月初二日甘露降 柏枝 獨涯夏旱

二十四年大旱

二十五年大旱歲祲米價三倍

二十六年麥秀兩岐

二十八年十二月夜江壩見神燈邑民朱承恩兄弟因所居地坍逼江募力士四千築壩速東開沙以遏潮勢禱於江神數日傍晚時衆望君山一燈大如斗俄分爲數百燈滿江皆紅飛集壩所衆皆驚走有跌傷者數年遂漲兩岸相接成平疇

三十年九月地震

三十一年風潮

三十七年自夏迄秋霪雨始生馬蝗

三十八年三月甘露降於朱氏墓

三十九年霪雨自六月迄重陽九月孤山北崩數石閉仙洞門

四十年五月風潮九月復風潮

四十一年芝草生

四十三年龍見孤山西在田間頭角皆見捲去民居數十間移石井欄越一港

四十四年春正月雷大雪木氷

四十五年春二月嚴寒傷人六月大雨凡三晝夜邑俱沒

隆慶元年正月民訛言訛傳採繡女凡民家有女自四五歲以上皆許婚配過門

謂之霍親

三年六月朔潮漲閏六月潮大漲潮勢如洋漂民居無算溺死者萬餘口七月望大雨凡三日平地水深五尺百穀皆死歲大祲

四年地生青蟲形如蠶食禾苗俱盡

萬歷元年七月風潮六月及十一月地震

九年彗星長竟天彗星見尾指東南初昏長二尺許夜央其長竟天八月望大風潮人民淹死東沙尤多

十年七月風潮八月地震歲大祲

十五年七月霪雨風潮禾皆生耳稼不登歲大祲

十六年民飢五六月大旱

十七年民飢斗米百五十錢五六月大疫

十九年七月風潮

二十年三月民訛言訛傳黑眚見各以灰印其戶金聲徹夜不絕八月雨雹傷稼

二十一年十月十五日夜天裂東北方長丈許中有火光燗灼

二十三年大水歲祲

二十四年大水歲祲

二十五年霪雨麥不登

二十六年地震十二月二十日復地震

二十九年霪雨自二月迄四月麥盡傷即穫者亦不可食八月復霪雨傷旱稼歲大祲

三十六年四五月霪雨江南田中行舟八九月水始退靖江差有收

三十八年地震自西而來

三十九年五六月霪雨

四十一年五月霪雨孤山東北角崩内有陶缶五山僧持獻儲庫

四十四年八月二十六日蝗從西北來蔽天所集竹蘆青草立盡然不傷稼遺種甚多十二月初五日辰巳間日暈生耳白虹竟天

貫日日傍有數黑子磨盪

四十五年二月蝗生趙侯應旟單騎下鄉率農捕蝗遺種共得九十石解郡餘皆燔之五月二十九日飛蝗入境從西北來蔽天集地厚尺許有兩龍自西南下震風大作一時捲蝗俱盡八月風潮傷江濱禾稼

明知縣趙應旟憂蝗七律妖蝗底事勢猖狂鼓翅

翩翩向此方作隊幾層亭午暗集郊盈尺衆芳戕

西成欲斷三秋望南畝空擔積歲忙

搔首仰天徒浩歎不知何計轉休祥

邑人朱家楫捕蝗七絕一奚一騎下江鄉爲捕遺

蝻蚤夜忙履畝儘蒐九十石逢年應獲萬斯箱

又五月晦日蝗來蔽天有兩龍降風捲立盡作七

絕雙龍並下冷風颼解却江城萬戶愁蔽日飛蝗

銷半晷盈疇

禾黍茂三秋

四十六年春雨傷麥　九月二十六日晚白氣見東南半月而滅　尋有星孛於東方漸移而北光長數丈直亘天中

天啓元年正月民訛言訛傳選繡女民間嫁娶多不備禮不擇對卽六七歲亦不免舉國若狂官府不能禁　夏五月有巨楠浮於江時塔將成取之作塔心

二年九月九日大霧　十二月二十二日地震有聲屋瓦皆動

四年二月十一日大星見如蛋自北移東沒　夏四月霪雨五月十九日澍雨五晝夜　江漲漂沒江濱民居　六月中巽星晝見去日僅尺有光動搖　歲大祲

明邑人朱家棟歲荒吟弓邑住在江之滸來牟便是養生主秋成有米辦官糧男婚女嫁經營苦貧家尙欲贖冬衣債主登門誰敢忤那有贏餘備歲凶那敢浪費安還堵去年收麥雨正來大麥紅腐不堪煮小麥刈來積塲頭罨得芽長青尺許早收在囷如火蒸化爲小蝶飛栩栩婦子辛勤磨作糜不堪下咽還復吐入梅喜得天晴明無端旱魃苦相侵先蒔禾苗盡枯死原田無水難下耕一晴六十有餘日湖涸溝乾田龜裂猶幸秋來天降霖死苗根下又抽新竭力戽水兼耘耔畝收三斛少奇零辦得官稅還得債家中能有幾何存歲盡糧亦盡元旦乏晨飧二月三月益艱難時炊野菜不去根若个出來無菜色若个臉上有精神滿眼望四月有麥可嘗青清明下雨愁我心十日天陰麥盡瘟一到麥秋時滂沱日夜傾高田似太湖低田似洞庭麥沉滂水中一如荇與蓴去年麥少今更甚况無宿米度朝昏旱魃已慣來蒔秧夜作青黄白叩上天上天不做聲海若大震怒糾合颶母翻乾

坤狂濤接天高洚雨如傾盆太華可崩摧南閭黑
冥冥東鄰西舍一時沒極力喊叫誰與聞明朝風
力減海潮亦稍平浮屍高下來隨趁鯨鯢下滄溟
也有巢棲高樹巔也有繫腰綠楊邊雨淋浪打無
休息懸絲一命殊可憐潮退泥中覓餘糧那得星
星燧火燃露處婦子哭哀哀落濤滾滾聲磅湃高
陵深谷一朝變豈止田卒成汙萊旁有耳禾長人
人慶有生月半一潮淹得絕更有蝗蝻來啖吞甍
甍蔽天飛集下草不遺三災并一年愁殺周餘黎
壯者散四方老弱填溝渠惡少潢池學弄兵江洋
一夥千餘人鄉村夜夜枹鼓鳴國門之外便橫行
還説攻城并略地不做落草小強人嫠婦恤其緯
爾我可寒心隆慶之間亦有潮此時稻猶未作苞
雖曰荒時荒不盡那若今年一望焦彼時官府體
面好帶得災民控當道官民一時涕淚哀當道馳
章上帝臺捐租發賑下恩詔萬姓鼓舞歡如雷如
今官府憂國貧不管百姓死與生催科稱最是盡
職誰於拊字肯留神我聞食為民天國依於民竭

澤而漁反裘負薪古人有是言三復當自醒

又海潮吟幾度夜顛風吹海立掀翻地軸天柱渺陰雲四合黑沉沉萬虎怒吼礮驅石洚雨如注晝夜傾平地波濤一千尺高原盡作鯨鯢宮黿鼉鼓舞爲窟宅艅艎百尺高峩峩顛舞洪流何底極東村西舍一時沒恍如天地未開闢朔風撼潮半落始見浮尸漂南北老弱十難一箇存壯丁抱樹哀哀泣囷倉盡數輸波臣焉得勺米來作食千家野哭鬼夜嚎陰燐螢螢隨哀濤下民何辜天降滔欲控君門萬里遙安得漢廷汲公矯詔發粟賑我曹

五年正月上旬大霧凡八日三四月霪雨六月初四日及八月二十三日天鼓鳴六七月旱七月二十六日太白經天

六年正月雪大雷電四月初八日天鼓鳴六月閏六月大旱七月朔大風雨拔木偃禾江漲濱江田皆壞十二月二十八日木氷歲大祲

明知縣葉林國救荒記余南服之士也去吳中不啻萬里其風土謠俗十不得其一二焉既謁選得常之靖江縣夫不習其俗而以意爲張弛將無擾其民急欲上書避去時選人功令嚴不可得遂東裝往比視事其民稱醇其事稱簡其輸將稱及時則又私喜地與令相得可幸無大過也問有遺負煩句稽者西鄙地斥埴燥溼不時鮮樂歲余得而陰寬其賦役焉天啟丙寅七月朔大風自東北起怒號震地屋瓦皆飛合拱之木立仆江水遂大漲百里之邑城堞樓櫓若蠶宮悉顚沒於鷩濤巨浸中余怖甚問左右曰傷人乎曰生斯習斯無傷也傷稼乎曰邑宜稻稻固宜水且盜沃耳凡八日

夜水乃退號泣而訴者數千人曰廬舍漂覆者十且九老稚死傷者無算禾黍糜爛無高下別民無食矣不旬月當盡死余左右之不可盡信類如此余乃重揆夫妄對者急列狀上當道大中丞李公特疏請卹蒙俞旨下部大司農靖孤恤無爲居間者竟不得請三越月民食果盡剝榆皮而糜之榆皮盡及野菜野菜盡及麥葉有易名姓丐於四方者有相率赴溝壑死者有闔户自經死者斧斫木揭竿號諸途且充斥郭門矣嘗是時視庾無三日粟視帑無餘金可從便宜曰嗟乎疇爲民牧乃立而視其死與將解緩去縉紳先生黄公范公急詣余曰使君去民益不保創極而後圖之晚也請各出百金爲賑先里中子簡槖中俸得若干金於是若縉紳若上舍黨序諸賢及耆民之慕義者不待勸告各酎金至郡伯監司直指各捐俸亦先後至乃買數十艘遡上游告糴絡繹相繼無虛日凡十里爲次郡於衆監者二人執量執爨者十八向晨遠近畢集則計口而授之粟疲者糜之病者藥之

殣者槥而埋之二三僚吏時伺其奸詭明年四月麥稍秋乃止至是邑之父老子弟舉手相勞曰上天降罰微子大夫無孑遺焉願子大夫久此而長子孫余曰嗟乎昔太公令灌壇而風雨息劉晏爲歲雖儉民不告飢茲者令實不德以致此也又無備焉而猶以爲功無乃不可父老曰否昔者九年之水七年之旱豈上失其術也與哉劉晏之治荒也豐凶半而備之有常故易給也使君政教長久而大凶區一邑閭左無儋石儲足備緩急卽十劉晏且奈之何矣予曰嗟乎務本力穡之國三年九年之蓄無有存者何也豈利未盡興而害未盡去與自古足國之道莫若管子其術莫詳於度地令也水官不備四害不除而催科之政日以煩郡邑奸胥復能制持其盈縮而急之管子所謂以一民養四主卽滑若效順求足其足於用也君子之於民也奸務是招而惡務是去仔肩自上而民從之耳余未能有行焉之死而致生之實惟諸君子是賴而乃推功於令諸君子樹德將益滋令則其誰

歎焉於是表之棹楔復伐石而紀其事傳諸永永以見功過之有在或者有所風勵云是役也官其地而施俸鍰者中丞李公待問直指王公琪兵憲周公頌郡伯曾公櫻司李劉公與秀鄉大夫始其事者黄公卷范公世禎貧不能賑而從容經畧其間者朱公家棟相繼協賑者若鄉紳上舍庠彦暨戍老各輕重有差不能悉另詳左方佐余經理及施俸者丞何公國瑛簿楊公鳴鳳尉梁公思義治兵守備古公道行皆得備書

七年正月朔天鼓鳴西北三日晝晦澍雨凡十八晝夜民食樹皮十九日迄二十一日風雨雷電隨大雪兼雷雹二十二日臭霧四塞十一月二十二日大風數日江涸如帶

崇禎二年自九月至十一月不雨

三年春不雨麥萎八月霪雨苗不實

六年正月朔縣東卷房火卷案俱焚六月二十五日大風雨江漲淹死人畜漂沒廬舍不可勝計歲大祲

七年四月初七日大雷電以風復雨雹黑雲起東北大雷電以風須臾雹下如石堆尺許有大如升斗者二麥壞屋瓦皆碎

八年春久雨夏不雨

十年元旦日有食之六月龍見華嚴菴南捲草舍數楹雨隨降秋後至次年春杪旦晚赤氣彌天月色亦赬

明邑人劉士焜喜雨詩并有序丁丑仲夏亢旱爲愁陳侯虔禱甘霖立應小吟志頌頻年皆苦旱每禱必爲霖何以祈元貺無非持素心雷霆供采筆山水奏瑶琴沽酒爭相勞吾君德澤深　列宿無箕畢長天有蝃蝀土龍能致雨石燕自翱風政簡生清潤心閒滌藴隆爲霖應是兆不獨慶年豐

十一年四月十九日至二十四日大風損麥六月大旱八月雨粟形如青黄麥間有米亦黄色　蝗入境從西北來有聲如烈風蔽天漫野食禾荳竹木葉俱盡陳侯函輝素衣徒步號泣拜禱購捕不能絶捕蝗四乃石餘每石給錢三百文　九月更餘空中有聲如潮如是者旬日　冬旱旦晚赤氣瀰天蝗復生遺子復生食初生麥苗　十月二十三日五龍垂天不雨

明知縣陳函煇和憫蝗併小引靖僻處荒島外十稔而九祲自煇下車邀天之靈民始連歲歌塘櫛今茲戊寅夏亢旱聞天子以漕艘積遣使禱海神俄報海水漲溢小邑復病潦諸異使圖庫叩閽而請命不謂仲秋五之日蝗自北入陰沙界捲擴絡繹綿亙百餘里分其半介而疾風過灌續如昆陽逐猛獸瓦屋皆震白日晝昏元蚑人立杖叟緯嫠野哭之聲沸鼎煇履及寢門拊膺籲帝願以六尺委壑三尸爲小民贖寸土嗟乎黑風乍轉青野已枯恐江南自此有介孽矣詰朝同社鄭雪子李端木作詩紀變煇倚韻亞娣和之魂忡忡乎如猶在呼禱中也倘冀有心者共憫之焉　春疇愼農事徵詩奏葭苗曠壞古所戒荏苒歷初吉亦欲希陶令公田每種秫瘠土與願違耕鑿未遑悉十年九報儉下車詢苦疾太息道州丞守官聽訶黜幽之警蠡斯唐之戒蟋蟀牧圉豈苟然肩負求艮匹今歲愆雨賜澤恒厘幽厓金氣乍司令狂颷肆滲溧如將百萬兵其勢何奔軼肅肅介而羽祲氛鄒赤

日鉦鼓動地地鳴甲光奪鎌鍾逃雨將焉之藏奸莫
殫詰頭目挾金距脅從互相牽千家野哭聲婦子
餽騐失哀哉此子遺餓頃困藿蕤末絲借炎火安
冀歌墉衞天網不可張刑法無乃密外災未亦書
奇沴煩史筆逆則召戈鋋凶乃廿鑊鑕願將剖腹
藏靡能瞋目叱嗟嗟蛋人鄉賓圭而門蓽旱魃助
孽蟲賊稅安自出隴荒京兆阡春乏侍御七暴風
經灌壇江水起溢溢蟊賊自天降其敢忘國恤民
方艱一飽靡脊念芬龢大軍兆凶年瘡痍聲唧唧
投畀纇有昊下土望陰陽驚心徹四郊僇力追竄
逸倘留寒谷黍何啻吹暖律饕食餘幾何所糞沸
再稱一莖亦血膏片餉殘遥駟露坐公沙躬星駐
何曆術兩者均失據拊膺徒隕慄牟害與西陽穰
感功則一善言熒惑退盛事聞吞蝗安得流民圖
少蘇百里室塡刻血
已枯臣罪慚委質

又蝗詩紀異併小引戊寅秋仲五日蝗自西北來
羣飛蔽空江外合叩天哀籲遂隨風散佚後乎此

者未可料也鄭雪子學博有詩紀異依韻和之
春秋十月螽災紀應則未宵雅詛四蟲賚名舊鼎
沸生殺惟天行厥明在貪蔽或言魚卵化共駭介
蟲至曾傳幻作蝶何當聚如蟻毒腸本善飢原隰
俄伐翠轟轟隨戰輩一望杳無際此孽踰兵火所
過必破碎詎惟田畯愁婦子爭含淚吾讀五行傳
刑虐惑昊帝身赤爲儒紳領赤乃武衛私種入西
園何以藥民瘵不聞飛墜海早見穴出地獨有上
苑吞愛民忘肝肺九江散不集外黃豈不瘁鄒縣
特過野茂陵亦返轡安得叩星屋坐消百六氣嗟
此黑子邦連歲明昭賜嚴雪自何來瓜瓠將焉避
似聞福椽言不驅先自去令也奮蹻踪誓願蠶竈
樊潁川未下凰中牟雖狎雉行縣少督郵膏雨曷
不注聽空遁點螭奔陌喘渴驥猶聘秋雨來四郊
鋪麥穗雖非德勝妖討捕吏不易若或留須臾尙
忍說撫字不憶永興年食國三十二責詎償已飢
災敢幸他被所媿痌瘝身猶作催科吏未賦上
林頌終恥石壕句却煩嵇字書用志蟲天異

又後憫蝗併小引仲秋乙未蝗蔽天自縣治退飛
赴海江南邑告災無虛日聞陰沙北接淮南綿亘
百餘里輝出牧彈丸地野止青草惴惴焉懼其復
蠶食於我土以初九踏災宿孤山古廟中果見介
而馳偶而栖如青如霧如烽火夜舉有聲颯颯所
屯駐頃刻都盡是再災也因異於三元三茅之觀
挑燈作詩以告哀明神焉 救荒策無奇陰雨逭
之未如何海一隅蝴蟻亦羡沸有介災斯書無歌
德乃蔽𢪔人訛舉烽邊境寇又至北溟非徒鯤南
柯倏屯蟻大壑屢出雲孤峯仍掃翠哀哀寡婦鄉
瀰空杳無際饕吸千村糧私傾百行淚所異元聽
卑因鬼一叩帝閽剝民膏髓誰函國棨衛搶攘向
未起重造此沉瘵臣罪倘當僇願以腦塗地復匪
見天心屯無跡地肺蹇蹇夙夜躬敢貽國殄瘁請
揮武陵戈時挽弘農轡爲霸覽鳳輝非嚴歐蠢氣
一命苟濟物三年將拜賜昆蟲豈無知而與賢者
避孝邸招不來直椽驅不去生滅關五行而蟊法
先弊泮樵音懷梟牆桑响警雉補天賴再造豈其

付孤注于畝忍料民百里與展驥蔪無一莖草何
說兩岐穗茹荼一何苦畜苴良不易武其啄遂劉
恩且停孳孚豈不欲先慈蟲毒落第二願以湯冠
旌一廣招賢被富民詎濫侯監酒先鋤吏蝻子田
祖章敬爾臣工句安得
大有書嘉禾終紀異
又捕蝗代禱不得已也作詩涕垂以憤閣筆聞道
長平被坑卒四十萬人同日死子嬰繫頸灞上降
劍芒先斬白帝子秦爲無道毒百姓圖書一炬無
片紙侏儒儒儒臨其穴蝗之害民有如此我聞佛
氏憫衆生宜慈一蟲與一蟻肢體割截奉闍提歌
利恬然頴無泚赤眉掘冢仙芝之舂嬰兒貫槊供歡
喜蹴冠方今擁豫襄赤子于虔劉再見矣介孽如蠶
食一方束手待斃吾所恥三步一拜偶隨風三日
再來頑不禮毅然怒髮上指冠修我戈矛整其旅
立懸賞格募壯夫朱亥鐵錐魯連矢火攻夜燒博
望屯水兵畫堰壽春蟲我陵我池我泉阿侯主侯
亞侯疆以斗北連天振鼓鼙江南半壁揮馬箠隨

官乍化武陵魚福椽旋鷟中牟雉梧桐食鳳肯下棲桑椹懷梟且東徙田祖揚旗畀丙丁營單挾纊消庚癸願祈八蜡殄四蟲須使三農還六郡亡秦者胡豈在邊以德消弭實至理又舟中見雨螽感咏翱鼓村村鬧螽旗陣陣雄聞隨御史雨原借大王風儉國偏豐罰凶年恐伏戎寄元何必咏涕淚爲民窮

十二年三月蝻子生購捕四月旦晚蟲聚鳴於天五月旱稻白蛸無收十一月大雷雨禁羅

十三年春三月蝗復生購捕自五月至七月不雨陳侯函輝率士民拜禱於途靡神不舉秋八月蝗復入境從西北來蔽天漫野路絕行人乎不可捕九月稻白蛸東鄉無收民飢通泰來就食者餓殍載道十一月十二

日更餘赤氣彌天

十四年春正月十七日大雪木氷

十七年六月朔日有食之

國朝順治五年夏六月十九日龍見西鄉

附孫邑諭汧如筆記城西二十里許飛龍自西北來去地約二丈餘有老農牧牛於溪之北陂初不覺空舉立於溪南牛齧草如故頃值旋風大作駭見龍青綠色其首矯舉濃雲之内不可識辨鱗如蕉扇片片怒起爪尾稍一掉動風雲俱從萬甲中煽出雜雨點大如拳田間豆苗十餘畮盡捲飛上天不落一葉經過一菴時衆僧課繹倏失二僧所在追尋數十里杳無蹤跡似隨龍風雨入海矣

六年海嘯傷禾稼民飢

九年大旱石米銀四兩殍蔽載道

十年十二月雨冰著草木如劍戟麥盡死明年飢

十一年海嘯平地水深丈餘漂沒民房無算溺死男婦千戶歲大祲

康熙元年六月十七日龍見西鄉大雨雹是夜有黑龍從東北來去地一二丈尾鬣鱗爪皆見經泰之暨家港靖之朱東港大風拔樹捲屋界河有大橋長五丈餘飛墜三里外時冰雹大雨如注一日夜不絕

三年四月彗星見西南七月又見東南

四年七月初三日大風潮拔樹木毀房屋凡三日夜始息

六年旱飛蝗過境七月十三夜蝗飛至西鄉永興團沿江一帶不傷禾稼止食蘆葉天

明盡渡江時百姓喜蝗不爲災歸功邑侯邑侯者謂鄭侯重也

七年三月白虹亘天每日入吐白虹東指亘天凡十餘日乃息六月十七夜地震屋瓦皆動

十八年大旱歲祲

國朝知縣胡必蕃賑濟饑民記歲已未大旱年穀不登江南諸郡邑皆以旱荒告撫憲慕公繪圖入告旣邀

議蠲之

命庚申春又特疏動支正供銀三十萬兩諭郡縣鄉城建廠設糜大爲賑濟且親蒞焉飢民全活者不下數百萬以視韓昌黎之奏罷稅課富鄭公之賑救青州古今聖賢後先一轍也獨靖邑先因署篆報災逾限遂不得共沐

皇仁嗟此江外遺黎忍視其填溝壑而不收乎余以去秋來令茲土私念舉荒所由實緣灌溉無藉由是疏濬團河爲靖民培未然之防而目前之痌瘝尤爲係心也乃集邑之鄉大夫及博士弟子員與里民之好善者籌畫商度量力捐輸作廠于城東塔寺煑粥濟飢擇練達耆老勤謹胥役管攝薪米余每日臨廠躬親驗視恐役人不謹或竊取米麥及生熟不一皆能傷人余必先嘗之而後分哺且令飢民就食者不以爲恥老幼男婦日不下二千餘人而外邑聞風至者半之自三月至四月計用米麥三百五十石火薪四萬斤全活飢民共三千餘名口骨立垂斃之衆貿貿然來就哺者旬日漸有起色且能養餘力以待耕作因諭之曰麥將熟矣歸而盡力南畝他邑之民欲渡江歸者復爲令識舟子曰愼無索飢民錢渡人勝于渡蟻有福爾自受之咸稽首若崩角而去是役也壺飧不勤惻然翳桑者鄉大夫之澤也力捐膏火以佐竈烟者都人士之仁也酌量筐篚約省釜鍾者良百姓

之行也至于歡然首倡不憚煩劇樂善不倦者則紳衿朱鳳台盛彰盛彥黃甲諸君子領袖之功居多焉嗣是雨暘時若蓄積有資旱不能災水不能溢靖之民家給人足陳陳相因余尤願其崇儉抑奢敦本務實以無忘今日之艱難焉此則余之深望也夫

雍正十年七月十七日颶風歷一晝夜潮大漲沿江田禾淹沒無算

歲祲

十二年四月十三日大雨雹大者圍徑三四尺小者徑尺樹木毀折屋瓦皆碎行人途斃者甚衆時有火龍四五由西北趨東南須臾雹止

乾隆五年秋無禾白蛸

六年七月江水泛溢時邑有陸姓者道經太湖水陡涸比歸計水涸之時正靖邑水

溢之時也

八年夏飛蝗過境蝗集民家竹林食葉殆盡禾稼不損時楊侯逢泰令靖人以爲德政所感

十年八月飛蝗過境蝗自西北來食草不食五穀是年與八年雖有蝗而不爲害

十三年三月龍見大雨雹是月旭日中忽黑雲密布自西南趨東北乃見一龍長數丈蜿蜒翔舞紅光四射後隨一大龜背若有所負經過處大雨雹永慶團一帶麥盡損室廬亦多壞者

十七年四月初四日昧爽地震屋瓦有聲

十九年江涸時江水忽涸食頃復故適艤舟於鷲鼻嘴下者遙望水涸處有石埂自南至北

迤邐起伏始知江陰諸山與孤山之趾本聯屬云

二十年夏秋霪雨疫 麥盡死禾豆不登斗米三百餘錢麥豆價稱是貧民始食糠粃繼食草根樹皮石粉病疫者甚衆

二十一年春大疫 死者比戶棺櫬不能遍給疫氣至秋始息

二十四年芝草生 東鄉朱嘉樓竹園中生數莖色赤有微馨朱乃移置盆中

二十五年冬大寒 竹樹多死

二十六年秋龍見東江口 龍潭港居民見有龍自雲霧中垂首而下兩足騰拏作戰鬬勢鱗甲翕張吸江水如白練干縷是年夏茶庵殿旁有龍下雖鱗甲宛然要未若此之歷歷可辨者

二十九年五月二十八日未時地震墻屋撼動逾刻始定

三十一年八月飛蝗過境自北方來驟如風雨不傷禾稼

三十六年秋七月初四日大風雨江潮驟漲淹沒田禾是夕地震

三十九年飛蝗過境自西北來白晝蔽天飛墜江盡死不傷禾稼

四十年飛蝗過境自北來逾境不爲害秋稔

四十六年六月十九日大風雨歷三晝夜潮漲沿江廬舍飼塌溺死者無算歲大祲

四十七年春雨雪嚴寒麥已盡死旋於根荄茁細芽秀實逾望是夏麥大熟

五十年夏秋大旱濱江麥禾頗稔鄰商雲集米價騰貴

五十一年秋大稔是年春斗米六百文至秋穀價驟減三之二

五十五年十二月二十日大雪凡三日積三尺餘簷際冰柱垂至四五尺

嘉慶七年大疫症曰出麻幼兒病十之七尼菴內塑有麻神爲病家祈禱郭侯元照設齋醮於邑廟數日以麻神送之江中疫遂止

八年夏飛蝗過境自西北來不傷禾稼

九年夏霪雨凡七日夜各處有搶米事秋稔

十七年七月彗星見西南方入天市垣兩月始滅明年秋京師有教匪林清之亂

十九年夏大旱歲祲

道光三年七月初三日江潮泛溢淹傷田禾歲大祲

十一年夏霪雨凡十數日歲大祲八月流民至河決馬彭灣楊州府屬流民過境

國朝邑增生潘泉流民記辛卯之秋八月閏日在學館有走相告者曰流民至矣問其所自來則以河決馬彭灣楊州屬之流民皆自泰興以至於靖有士者農者工者商者老者壯者少者男者女者有擔釜甑者有囊絮席者有負芻蕘者有扶其羸老者有抱其幼孩者有子女或鬻或棄者有孕婦或墮或產者有跋涉於陰雨中者有疾病呻吟不絕者有餓殍而掩埋道旁者有啼哭之聲聞於四野者此十日中有日至三二千餘人者有日至一二千人者有日至數百人及數十人者邑使君諭流

民毋得入城延諸紳士捐貲以送每大口給錢十六文小口半之有止於城外荒寺者有居於敎塲演武廳者有舍於沿江堡房者有宿於街市簷下者有散處於河畔石堤者其食有乞糠粃以作餅者有買酒糟以炊粥者有拾菜葉掘草根剝榆樹皮以苟延殘喘者越日具舟渡之江陰其將餬口四方待來年歸於故土耶抑輾轉他適而道殣相望耶夫鴻雁飛而賦流民之什詩人所以美周宣王也青苗行而上流民之圖鄭俠所以斥王荆公也今流民過吾邑觸於目而慘於心隨筆直書期無失乎賦詩繪圖之意作流民記

十三年七月二十五日大風雨傷損田禾歲祲

十六年秋飛蝗入境不傷禾稼一冬無雪蝻子已生明年春收買未盡迨五月初旬雨中間以黴雪始絕其種

二十年夏霪雨凡十數日歲大祲

二十一年冬大雪凡七八日積五尺餘

二十二年七月十一日夜江上見神燈擊退夷船之明日鄉勇防堵江堤上二更時見無數神燈在江陰南岸夷人泊江陰黃田港者則見在靖之北岸並有烏帽緋衣之神立半空中或曰堤上陳忠節公祠有遺像在將冊著其靈異以捍大患與

是年棗樹變生栢葉城鄉棗樹變生栢葉其有未及變者俱伐之識者以為兵象

十月桃枝生花此外諸花木迄今猶復開焉

二十五年九月二十四日初更地大震

二十六年十一月十二日五更地震

二十八年六月二十日大風雨江潮泛溢漂没廬舍淹斃男婦

歲祲九月流民至時鹽城遭河決之患流民四五千人自九月至十月陸續過靖境增生潘泉倪象賢奉賈侯益謙札以賑局捐錢給資具舟送之江陰

二十九年夏霪雨凡二旬餘高低田各無收歲大祲

三十年麥秀兩岐

咸豐二年十一月初六日初更地大震

三年三月初七日夜地大震屋瓦皆動初八日午時復震十七日夜復大震八月長星見西北方凡十一日日入時形如箭長一丈許初更後漸移不見

四年十一月二十六日亥時地震二十七日寅時地

又震

五年六月太白晝見九月狼貪星晝見十月十一日亥時地震十一月十四日白虹亘天去日下二丈許橫亘東西二十三日申刻二日並見時日已西逝南方復出一日較西方日差小漸化白氣似長虹垂天忽又聚而爲日光移時裂開遂不見

六年夏大旱六月十九日夜天鼓鳴七月初八日亥時大星隕其影大如月自西南流于東北墜地至初九日欽差大臣向公榮在丹陽營病卒十六日夜微雪十七日侵晨西門弔橋有雪迹二十九日蝗自

西北飛向江南歷未申酉三時過東南風起落縣境田內食秋穀先是六月二十八日侵晨七月十七日亥刻俱有蝗來自西北飛向東南而去至是日以風轉遺落縣境食田內稻粟雜荳並沿江灘邊蘆葉殆盡歲大祲

七年七月大風潮漲是月望後起東北風五日潮淹東鄉老岸及沙洲沿江一帶禾稼有被傷者

八月蝗復至先是六年秋飛蝗過境間有遺種至七年夏蝗將起閏五月大雨連旬遂息八月初旬復有蝗自北來食稻粟並竹蘆葉殆盡適二十日不去早種之麥亦被食野外遺種尤多

【光緒】靖江縣志

（清）葉滋森修　（清）褚翔纂

清光緒五年（1879）刻本

靖江縣志卷八

祲祥

古者正月朔旦太史觀雲物察祲氛審災祥以備觀省人君於以增修主德默召天和故日星河嶽嘉瑞畢呈寒燠雨暘休徵協應覩彼後世惡聞災異憚於修省者迥然遠矣靖雖褊小自建縣以來賢令繼蹟莫不以敬天勤民爲務凡遇水旱災祲無不悉心拯救故寒暑偶愆雨暘失當卽不傷農功亦必謹書

於冊以備觀省庶幾後之莅斯土者覩於是

而知所修省云志災祥

明洪武二十年旱

二十五年旱

二十九年大旱　田苗槁死者半

永樂三年風潮雨浹旬

十一年七月風潮漂没民居有石香爐大如斛從潮浮至東十圖田丙有居民朱鼎因

其址作孝饗庵爲

祀先合族之所

宣德四年旱民飢

六年秋大風潮

九年孟夏旱秋大潮

景泰四年十二月大雪木冰

五年正月大雪深三尺 五月雨風潮歲大祲

六年夏旱蝗歲祲

天順四年秋雨風潮歲祲

八年八月雨風潮歲祲

成化元年七月風潮

二年五月風潮

七年夏旱秋潮歲祲

十七年春夏大旱秋大風雨潮淹沒田廬人多溺死歲大祲

十八年秋旱歲祲

十九年大水歲祲

二十一年秋大旱歲祲

二十三年旱

宏治元年五月大風雨潮淹死老幼男婦二千九百五十一口漂去民居一千五百四十三間合邑公宇頹圮歲大祲冬大雨雪孤山登陸

四年風潮

五年風潮

七年風潮

十二年風潮

十四年旱孤山崩東北角

十六年夏旱秋潮冬大雪深三尺冰堅尺許橙橘皆死歲祲

十八年旱九月十二日地震

正德元年旱歲祲

二年風潮

三年風潮旱

五年夏霪雨五月十八日風潮凡境內筀竹紫竹生花結實盡死歳大祲

六年春夏大疫民有滅門者秋七月風潮有大魚見於南洪波船旱發至南洪有物如山長百丈許自西而東良久始知其爲魚魯占者以爲兵象次年流寇至

知縣殷雲霄水災詩斷荇飄蓬挂樹梢水痕深沒石塘凹潮連野郭蛙生竈浪捲茅茨燕失巢横道死亡於我愧隔江啼哭是誰拋丹青仔細圖眞象歸獻君王涕淚饒

八年風潮

九年夏旱秋潮歳祲

十年秋霪雨風潮

十四年正月地震有聲聞之如雷廬舍皆動搖

十五年夏風潮

嘉靖元年春三月有海獸如羊登孤山居民逐之至江入水中

秋七月二十三日大風雨潮漲如海三日邑宇崩塌居廬漂沒死者數萬故老相傳謂宏治元年之潮不及其半歲大祲

二年飢人相食七月瀾港有虎自江南浮至

三年二月地震

五年五星聚營室二月霪雨民廬多傾塌二麥盡死竹節生花

大如豆形如人面色亦肖冬月朱氏盥盆水冰成花其花透起如牡丹狀者三日

七年夏蝗十月地震二十五日白虹亘天

八年六月蝗自西北來蔽天禾田無水者與豆俱盡八月十九日夜大雨平地水五尺二十三日大風江涸西風走沙石江中涸半晌江濱民奔取江中物回顧江岸如山少焉水漲多有不及岸而死者

九年三月蝗捕蝗遺種甚多

十年蝗

十一年蝗來自西北蔽天所集竹樹豆旱禾苗立盡數日苗長如初秋潮西沙有

虎自江北來鄉人荷鋤向之虎不爲動人亦莫敢
逼迫夜虎至邑西南長安寺馬迥之戰慄不前
數日忽
不見

十二年夏蝗秋潮災

十四年夏旱秋大潮民艱食餓殍載道

十五年四月雨雹積寸許桑麻麥俱死

十六年風潮霪雨

十八年風潮

十九年龍壞民居捲于婆港顧姓人屋俱去蝗至三日去時林侯相與朱縣尉奇燈禱于社三日蝗盡去

王洪遣蝗歌贈朱古沙有序林鐵齋尹靖江蝗至躬禱孤山古沙廟官率鄉之父老禱於社三日而蝗盡去作歌識頌未用徵天人之應云民之災蝗蟲至壬午月庚子歲雷聲轟轟滿江國北風雨捲雲隨翅須臾屯集畝畝間百萬狂兵横壓地青苗綠豆闘纖纖忽爲戈矛斬生意華葉靈根轉眼空縱或餘存亦憔悴田夫田婦哭相向擊鼓鳴鑼走如沸捕獲無方縣官苦額告皇天率屬吏七日齋三日祭心與神明日相對感動皇天轉禍機一夜無踪竟何去蝗蟲去莫向鄰疆復爲祟江空海濶有清波好爲乾坤洗餘厲

二十一年夏旱蝗劉南學詩云五斗糠粃三尺布一挑河水五文錢

二十二年夏旱秋潮

二十三年三月初二日甘露降柏枝獨遲夏旱

二十四年大旱

二十五年大旱歲祲米價三倍

二十六年麥秀兩岐

二十八年十二月夜江隄神燈見邑民朱承恩兄弟因所居地坍逼江募力士四千築隄速東開沙以過潮勢禱於江神數日傍晚時眾望君山一燈大如斗俄分爲數百燈滿江皆紅飛集壩所眾皆驚走有跌傷者數年遂漲兩岸相接成平疇

三十年九月地震

三十一年風潮

三十七年自夏迄秋霪雨始生馬蝗

三十八年三月甘露降

三十九年霪雨自六月迄重陽九月孤山北面筋仙洞閉

四十年五月風潮九月復風潮

四十一年芝草生

四十三年龍見孤山西頭角皆見捲去民居數十間移石井欄過港

四十四年春正月雷大雪木氷

四十五年春二月嚴寒傷人六月大雨三晝夜

隆慶三年六月朔潮漲閏六月朔大漲潮勢如洋漂民居無算溺死者萬餘口七月望大雨凡三日平地水深五尺百穀皆死歲大祲

四年地生青虫形如蠶食禾苗俱盡

萬曆元年七月風潮六月地震十一月地震

九年彗星長竟天彗星見尾分指東南初昏長二尺許夜半其長竟天八月望大風潮人民淹死東北尤多

十年七月風潮八月地震歲大祲

十五年七月霪雨風潮禾皆生耳稼不登歲大祲

十六年五六月大旱

十七年五六月大疫

十九年七月風潮

二十年八月雨雹傷稼

二十三年大水歲祲

二十四年大水歲祲

二十五年霪雨麥不登

二十六年十二月地震

二十九年春霪雨自二月迄四月乃止麥盡傷秋八月霪雨早禾傷

歲大祲

三十六年四五月霪雨江南田中行舟秋杪水始退靖邑歉收

三十八年地震自西而東

三十九年五六月霪雨

四十一年五月霪雨孤山東北角崩內有陶缸五山僧持獻儲庫

四十四年八月二十六日飛蝗入境蝗從西北來蔽天所集竹蘆青草立盡不傷稼十二月初五日辰巳間日暈生耳白虹竟天日傍有數黑子摩盪

四十五年二月蝗生趙侯應旟單騎下鄉率農捕蝗掘遺種得九十石解郡餘皆燔之五月二十九日飛蝗入境從西北來蔽天集地界尺許有兩龍自西南下霞風大作江潦禾一哼捲蝗盡去八月風潮稼傷

知縣趙應旟憂蝗七律妖蝗底事勢猖狂鼓翅翩翩向此方作隊幾層亭午暗集郊盈尺眾芳戕西

成欲斷三秋望南畝空摠積歲忙搔首仰天徒浩嘆不知何計轉休祥

邑人朱家儐捕蝗七絕一奚一騎下江鄉爲捕遺蝗蚤夜忙履畝盡搜九十石逢年應獲萬斯箱

又五月晦日蝗來蔽天有雨龍降風捲立盡作七絕雙龍並下冷風颸解郝江城萬戶愁蔽日飛蝗銷半捋盈疇禾黍茂三秋

四十六年春大雨傷麥九月二十六日晚白氣見東南半月而滅諄有星孛於東方漸移而北光長數丈直亘天中

天啓元年夏五月有巨楠浮於江時搭將成取作搭心

二年九月九日大霧十二月二十二日地震有聲屋瓦皆動

四年二月十一日大星見如蛋自北移東沒夏四月霪雨五月十九日霪雨五晝夜江漲江濱民居漂沒六月異星晝見去白僅尺有光動搖歲大祲

邑人朱家棟歲荒吟予邑僻在江之滸來年便是蓑生主秋成有米辦官糧男婚女嫁經營苦貧家向欲贖冬衣債主登門誰敢忤那有贏餘備歲凶那敢浪費安堵去年收麥雨正來大麥紅腐不堪賣小麥刈來積場邊茁出芽長青尺許早收在囷如火蒸化爲小蝶飛栩栩婦子辛勤磨作糜不堪下喉還復吐入梅喜得天晴明無端一旱憂苦相侵先蒔禾苗盡枯死原田無水難下耕一晴六十有餘日湖澗濤乾田龜裂猶幸秋來天降霖死苗根下又抽新竭力戽水兼耘耔畝收三斛少奇零辦得官稅還得債家中能有幾何存歲盡糧亦盡元旦之晨飧二月三月益艱難時炊野菜不去根

若个出來無菜色若个臉上有精神滿眼望四月
有麥可撩青請明下雨愁我心十日天陰麥盡瘟
一到麥秋時滂沱日夜傾高田似太湖低田似洞
庭麥穗淤水中一如荇與蕁去年麥少今更甚况
無宿米度朝昏旱魃已慣來薅秧復作售黃白叩
上天上天不做聲濤若大震怒糾合颶母翻乾坤
狂濤接天高浲雨如傾盆太華可崩摧兩間黑冥
冥東鄰西舍一齊沒極力叫喊誰與聞明朝風力
減海潮亦稍平浮屍高下來隨趁鯨鯢下追濱也
有巢樓高樹巔也有屋絮綠楊邊雨淋浪打無休
息懸絲一命殊可憐潮退泥中覓餘糧那得星星
燧火燃露處婦子哭哀哀落濤濛㩎聲磅湃高陵
深谷一朝變豈止田卒成汁漿旁有耳不長人人
慶有生月半一潮淹得絕更有蝗蝻來啖吞蕘蕘
蔽天飛集下草不遺三災并一年愁殺周餘黎北
者散四方老弱與溝渠惡少嬪池學弄兵江洋一
夥千餘人鄉村夜夜炮鼓鳴國門之外便偵行還
說攻城并畧地不做落草小強人蔡婦恤其緯闔

我可寒心隆慶之間亦有潮此時稻猶未作苞雖曰荒時荒不盡那若今年一望焦彼時官府體面好帶得災民控當道官民一時涕淚哀當道馳章上帝臺捐租發賑下恩詔萬姓鼓舞歡如雷如今官府憂國貧不管百姓死與生催科稱最是盡藏誰於拊字肯留神我聞食為民天國依於民竭澤而漁反裘負薪古人有是言三復當自醒

又海潮吟

幾夜江風吹海立掀翻地軸天柱渺陰雲四合黑沈沈萬虎怒吼礮驅石捲雨如注晝夜傾平地波濤一千尺高原盡作鯨鯢宮黿鼉鼓舞為窟宅艅艎百尺高峩峩顛舞洪流何底極東村西舍一時沒恍如天地未開闢明朝風減潮半落始見浮尸漂南北老弱十難一箇存壯丁抱樹哀哀泣囷倉盡數輸波臣為得勺米來作食千家野哭鬼夜嚎陰燐熒熒隨哀濤下民何辜天降沴欲控君門萬里遥安得漢廷汲公憩矯詔發粟賑我曹

五年正月上旬大霧凡八日三四月霪雨六月初四日天鼓鳴逾月不雨七月二十六日太白經天八月二十三日天鼓鳴

六年正月雪大雷電四月初八日天鼓鳴六月閏六月大旱七月朔大風雨拔木濱江田偃禾江漲皆壞十二月二十八日木冰歲大祲

知縣葉桂國救荒記余南服之士也去吳中不啻萬里風土謠俗十不得其一二既謁選得常之靖江夫不習其俗而以意爲張弛將無擾其民意欲上書求去府選人功令肅度不可得遂束裝赴任所比視事其民稱饍其事稱簡其輸將稱及時則又私喜地與令相得可幸無大過也間有逋負煩

勾稽者西鄙地斥埴燥渴不時鮮樂歲余得而陸
寬其賦役焉天啟丙寅七月朔大風自東北起怒
號震地屋瓦皆飛台拱之木立仆江水遂大漲百
里之邑城堞樓櫓若屋宮悉顛沒於驚濤巨浸中
余怖甚問左右曰傷人乎曰生斯習斯無傷也傷
稼乎曰邑宜稻稻宜水且益沃耳凡八日夜水乃
退號泣而訴者數千人曰廬舍漂覆者十且九老
稺死傷者無算禾黍糜爛無高下別民無食矣不
旬月當盡死余左右之不可盡信類如此余乃重
扶夫妄對者急列狀上當道大中丞李公特疏請
邮蒙俞旨下部大司農靖孤陋無為居間者竟不
得請三越月民食果盡剝榆皮而糜之榆皮盡及
野菜野菜盡及麥藁有易名姓丐於四方者有相
率赴溝壑死者有闔戶自經死者有斬木揭竿號
諸途且充斥郭門矣當是時視庾無三日粟視帑
無餘金可從便宜曰嗟乎疇爲民牧乃立而視其
死與將解綬去搢紳先生黃公范公急詣余曰使
君去民益不保劇極而後圖之晚也請各出百金

爲賑先里中予簡稟中俸得若干金於是勸告各
酎金至郡伯監司直指各錫俸一先後至乃買數
十艘遡上游告糴絡繹相繼無虛日凡十里爲次
諏於衆監者二人執量執爨者十人向晨遠近畢
集則計口而授之聚瘦者廢之病者藥之殣者槥
而埋之二三僚吏時伺其奸詭明年四月麥稍秋
乃止至是邑之父老子弟舉手相勞曰上天降罰
微子大夫無孑遺焉願子大夫久此而長子孫余
曰嗟乎昔太公令灌壇而風雨息劉晏爲歲雖儉
民不告飢茲者令實不德以致此也又無備焉而
猶以爲功無乃不可父老曰否昔者九年之水七
年之旱豈上失其術也與哉劉晏之治荒也豐凶
半而備之有常故易給也使君政教未久而大凶
匝一邑閭左無儋石儲足備緩急即十劉晏且奈
之何矣予曰嗟乎務本力穡之國三年九年之蓄
無有存者何也豈利未盡興而害未盡去與自古
足國之道莫若管子其術莫詳於度地今也水官
不備四害不除而催科之政日以煩郡邑奸胥復

能倒持其盈縮而總之當予所謂以一民養四主
即悔若效順未見其足於用也君子之於民也好
務是招而惡務是去付肩自上而民從之耳余未
能有行焉之死而致生之實惟諸君子是賴而乃
推功於介諸君子樹德將絲滋令則其誰欺焉於
是表之棹楔復伐石而紀其事傳諸永久以見功
過之有在或者有所風勵云是役也官其地而施
俸鍰者中丞李公待問直指王公琪兵憲周公頌
郡伯曾公櫻司李劉公與秀鄉大夫始其事者黄
公卷范公世楨貧不能賑而從容經略其間者朱
公家楝相繼協賑者若紳士上舍庠彦暨父老各
輕重有差不能悉另詳左方佐余經理及施俸者
丞何公國瑛簿楊公鳴鳳尉裘公思
義治兵守備古公道行皆得備書

七年正月朔天鼓鳴三日晝晦樹雨兼旬凡十八晝夜民食樹皮

二十一日風雨震電雨雪翌日臭霧四塞十一月

大風數日江涸如帶

崇禎二年自九月至十一月不雨

三年春不雨麥萎八月霪雨苗不實

六年正月朔縣署卷室火東西科檔案俱焚六月二十五日大風雨江漲淹死人畜漂没廬舍不可勝計歲大祲

七年四月初七日大雷電以風大雨雹黑雲起東北大雷電以風須臾雹下如石堆尺許有大如升斗者二麥壞屋瓦皆碎

八年春久雨夏不雨

十年元旦日有食之五月旱六月龍見華嚴庵捲草舍數

榏雨降自秋徂冬至次年春杪旦晚赤氣彌天月色

亦

頻

邑人劉士鯤喜雨詩并有序丁丑仲夏亢旱爲愁

陳侯虔禱甘霖立應小吟志頌頻年皆苦旱籲禱

必爲霖何以祈元覡無非持素心雷霆俱縣筆山

水奏瑤琴沽酒爭相勞吾君德澤深列宿無真

畢長天有蝃蝀土龍能致雨石燕自翔風政簡

生清潤心閒滌蘊隆爲霖應是兆不獨慶年豐

十一年四月大風五日損麥六月大旱八月雨粟形如青黃

麥間有米亦黃色蝗入境從西北來有聲如烈風蔽天漫

野食禾苣竹木葉俱盡陳侯函

煇素衣徒步號泣拜禱購捕不能絕九月空中有

捕蝗四百餘石每石給錢三百文

聲如潮旬日冬燠旦晚赤氣彌天蝻生食初生麥苗十月

二十三日五龍見不雨

知縣陳函輝和憫蝗并小引靖僻處荒島外寸䅿而九祲自輝下車邀天之靈民始蓮歲歌墉櫛今茲戊寅夏亢旱聞天子以漕艘稽遣使禱海神俄報海水漲溢小邑復病潦諵哭俠圖靡叩閭而請命不謂仲秋五之日蝗自北入陰抄界搶擴絡繹綿亘百餘里分其半介而疾風過𤅃壇如昆陽逐猛獸瓦屋皆震白日晝昏元蛟人立杖叟緯婺野哭之聲沸鼎輝屦及寢門拊膺顳帝願以六尺委壑三尸為小民贖寸土嗟乎黑風作轉青野已枯恐江南自此有介孽矣詰朝同社鄭雪子李端木作詩記變輝倚韻垂涕和之魂怦怦乎如猶在呼籲中也向冀有心者共憫之焉

春疇慎農事徵詩奏葭茁曠瘝古所戒荏苒歷初吉亦欲希陶令公田每種秫瘠土與願違耕盤未遑悉十年九報儉下車詢苦疾太息道州詠守官聽訶黜龜之誓螽斯虒之戒蟋蟀收罔覬苟然肩負求良匹今歲

愆雨暘滯恒歷幽匽金氣仁司令狂飈肆謬慓如
將百萬兵共勢何奔軼肅蕭介而翊殺氛郭赤日
鉦鼓動地鳴甲光奪鎌鋌逃爾將焉之藏奸莫殫
詰頭目挾金距務從互相率于家野哭聲婦子魄
驟失哀哉此孑遺俄頃困叢蕨未蘇借炎火安冀
歌罅櫛大綱不可張刑法無乃密外炎宋亦書奇
殄煩史筆逆則召戈鋋凶乃甘鏤鐵願將剖腹藏
靡能頃日此嗟嗟蚩人鄉竇圭而門華旱魃助孽
小賊稅安自出髓荒京兆圻春之侍御七暴風經
灌壇江水起溢溢蠢賊自天降其敢忘國恤民方
艱一飽糜脊念芬餓大軍兆凶年瘡痍聲唧唧投
畀饞有昊下土望陰隲驚心徹四郊僇力追竄逸
倘留寒谷黍何啻吹暖律蝨食餘幾何所冀拂再
柳一莖亦血膏片餉殘蝗驛露坐公抄躬星駐何
敝衛雨者均失據拊膺徒隕慓年戀與酉陽禳感
功則一善言發惑退蜮事闘吞蛭安得流民圖少
蘇百里筌填刻血
已枯槁罪懺委質

蝗詩紀異併小引戊寅秋仲五日蝗自西北來羣飛蔽空江外令叩天哀籲遂隨風散佚後乎此者未可料也鄭雪予學博有詩紀異依韻和之春秋十月螽災紀應則未有雅詛四蟲饕名舊鼎沸生殺惟天行厥明在貪蔽或言魚卵化其駭介蟲至曾傳幻作蝶何當聚如蟻尋腸本善飢原陽俄伐翠蘇蘇隨戰鼙一望杳無際此孽諭兵火所過必破碎詎惟山暖愁婦子爭含涙吾讀五行傳刑虐以感昊帝身亦爲傷神領亦乃武衛私種入西園何以藥民瘵不聞飛蝗海早見穴出地獨有上苑吞變民忘肝肺九江散不集外黃豐不萃鄰縣特過蹕茂陵亦返鑾安得明星屋生消百六氣嗟此黑子邦連歲鳴昭賜嚴雪自何來瓜狐將焉避似聞福祿言不驕先自去介也奮踴蹤誓願蠲竄弊潁川未下風中牟雖犯雉行縣少督郵齊雨曷不注雜空道點螭奔陌喘謁驥猶盼秋雨來四郊鋪禾穗雖非德勝妖討捕更不易若或留須臾何忍說撫字不憶永興年食國三十二責詎償已飢災

敢幸他波所愧痌瘝身備作催科吏未賦上林頌終恥石壕句邯鄲須荒字書用志蟲災異

後憫蝗併小引仲秋乙未蝗蔽天自縣治退飛赴海江南邑告災無虛日聞陰沙北接淮南綿亘百餘里煇出牧彈丸地野止青草惴惴焉懼其復翥食於我土以初九踏災宿孤山古廟中果見介而馳偶而哂如青如霧如烽火夜舉有聲颯颯所屯駐頃刻都盡是再災也因哭於三元三茅之觀挑燈作詩以告哀明神焉

救荒策無奇陰雨迨之未如何海一隅蝻蝗亦羮沸有介災斯書無厭德乃蔽蝝人說舉烽邊境寇又至北溟非徙鯤南柯倏屯蟻大纛屢出雲孤峯仍掃翠哀哀寡婦鄉禍空杳無際聲吸千村根私傾百行淚所冀天聽卑因鬼一叫帝既剝民膏髓誰留國榮衛瘡痍尚未起重遭此沈瘵臣罪倘當僇願以腦塗地復匪見天心屯無跡地脉塞蹇蹇夙夜躬敢貽國殄瘁請揮武陵戈時挽弘農轡爲霸覽鳳煇非嚴欽遣蟲氣一命苟濟物三年將拜賜昆蟲豈無知而與賢者避

孝郎招不來直隸驅不去生滅關五行兩冬蛛法先
弊泮椹音懷梟墻桑响譽雛補天賴再造豈其付
孤注千欽忍料民百里興展驥懒無一堑草向說
兩歧穗茹茶一何苦畓苴艮不易武其咏過劉恩
目停孳字豈不欲先慈悲蠆毒落第二願以蕩寇旌
一廣招賢被富民詎濫侯監酒先鋤吏懒子田祖
章敬爾臣工句妄得
大有書嘉禾終紀異
捕蝗代禱不得已也作詩弟垂以憤閭筆間道長
平被坑卒四十萬人同日死于嬰繫頸灞上降劍
芒先斬白帝子黍爲無道毒百姓圖書一炬無片
紙誅儒惴惴臨其穴蝗之害民有如此我聞佛氏
憫衆生宣慈一蟲與一蟻肢體割絶奉闗提歌利
恬然貂無慍赤眉掘冢仙芝春嬰兒貫櫣供歡喜
流寇方今擁豫襄赤子處劉再見矣介孽如蠶食
一方束手待斃吾所賦三步一拜偶隨風三日再
來頑不禮穀然怒髮上指冠修我戈矛整其旅立
懸賞格募壯夫朱亥鐵錐晉速矢火攻夜燒博望

屯水兵書堰壽春蟲我陵我池我泉阿侯主侯邑侯軀以斗北運天振鼓鼙江南半壁揮馬並驅官作化武陵魚福搖旋驚中年雉梧桐食鳳背下栖桑椹懷梟且東徙田祖揚旗界丙丁營軍扶纖消庚癸顯祈入蜡修四蟲頓使三農還六新亡秦者胡豈在邊以德消弭實至理舟中見雨螽感咏揭鼓付村閙螽旗陣陣雄閒隨御史雨原借大王風僾國偏豐罰凶年恐伏戎寄元何必咏涕淚為民窮

十二年三月蝻生購捕五月旱稻苗傷十一月大雷雨禁糴

十三年春三月蝗生購捕自五月至七月不雨陳侯函煇率士民拜禱於途廬神不舉秋八月蝗入境從西北來蔽天漫野路絕行人至不可捕九月稻白蛸東鄉無收民飢適泰來就食者餓殍載道十一月十二更餘赤

氣彌天

十四年春正月十七日大雪木氷

十七年六月朔日有食之

國朝順治五年夏六月十九日龍見西鄉

孫邑諭汧如筆記城西二十里許飛龍自西北來去地約二丈餘有老農牧牛於溪之北畈不覺空犂立於溪南牛齧草如故頃旋風大作駭見龍青綠色其首矯然濃雲之內不可識辨鱗如蕉扇片片怒起爪尾稍一掉動風雲俱從鱗甲中撇出一雜雨點大如拳田間豆苗十餘畝盡捲入空不落一葉經過一庵時衆僧課經倏失二僧所在追跡數十里杳無踪跡似隨龍風捲入海矣

六年海嘯傷禾稼民飢

九年大旱石米銀四兩殍殣載道

十年十二月雨冰着草木如劍戟菸盡死明年飢

十一年海嘯平地水深丈餘漂没民房無算溺死男婦千口歲大祲

康熙九年六月十七日龍見西鄉大雨雹是夜有黑龍從東北來去地一二丈尾鬣鱗爪皆見經泰之嚴家港崗之朱東港大風拔樹捲屋界河有大橋長五丈餘飛墜三里外時冰雹大雨如注一日夜不絶

三年四月彗星見西南七月彗星見東南

四年七月初三日大風潮拔樹木毁房屋凡三日夜始息

六年旱飛蝗過境七月十三夜飛蝗至西鄉永興闡沿江一帶不傷禾稼止食蘆葉天

明盡渡江時百姓喜蝗不爲災歸功邑侯邑侯者謂鄭侯重也

七年三月白虹亘天每日入白虹亘天凡十餘日乃息六月十七夜

地震屋瓦皆動

十八年大旱歲祲知縣胡必蕃延集城鄉紳董朱鳳台盛彰盛彩黃甲等設廠東塔寺煮粥賑飢全活無算

知縣胡必蕃賑濟飢民記歲己未大旱年穀不登江南諸郡邑皆以旱荒告撫憲慕公繪圖入告既邀議蠲之

命庚中春又特疏勅支正供銀三十萬兩諭郡縣鄉城建廠設糜大爲賑濟且親莅焉飢民全活者不下數百萬以視韓昌黎之奏罷稅課富鄭公之賑救青州古今聖賢後先一轍也獨蕭邑先因昔歲報災逾限遂不得其沐

皇仁嗟此江外遺黎忍視其填溝壑而不救乎余以去秋來令茲土私念旱荒所由實緣灌溉無藉由是疏濬圖河爲靖民培未然之防而目前之渴療尤爲係心也乃集邑之鄉大夫及博士弟子員與里民之好善者籌畫商度量力捐輸作賑於城東塔寺煮粥濟饑撥練達耆老勤愼胥役管攝薪米余每日臨廠躬親驗視恐役人不謹或竊取米麥及生熟不一皆能傷人余必先嘗之而後分哺凡令饑人就食者不以爲耻老幼男婦日不下二千餘人而外邑聞風至者半之自三月至四月計用米麥三百五十石火薪四萬斤全活饑民共三千餘名口骨立垂斃之衆貿貿然來就哺者旬日漸有起色且能養餘力以待耕作因諭之曰麥將熟矣歸而盡力南畝他邑之民欲渡江歸者復爲令誡舟子曰愼撫衆饑民錢渡人勝於渡蟻有福爾自受之咸稽首若崩角而去是役也壺殞不靳側然賢桑者鄉大夫之澤也力捐膏火以佐竈烟者都人士之仁也酌量篚籃約省盆鍾者良百姓

之行也至於歡然首倡不憚煩劇樂善不倦者則紳衿朱鳳台盛彰盛彦黄甲諸君子領袖之功居多焉嗣是雨暘時若蓄積有資旱不能災水不能溢靖之民家給人足陳陳相因余尤願其崇儉抑奢敦本務實以無忘今日之艱難焉此則余之深望也夫

雍正十年七月十七日颶風歷一晝夜潮大漲沿江田禾淹沒無算

歲祲

十二年四月十三日大雨雹大者圍徑三四尺小者徑尺倒木毀折屋瓦皆碎行人遇雹者甚衆時有火龍四五由西北趨東南須臾雹止

乾隆五年秋無禾白稍

六年七月江水泛溢時邑有陸姓者道經太湖水陡涸比歸計水涸之時正靖邑水

盜之時也

八年夏飛蝗過境蝗集民家竹林食葉殆盡禾稼不損時楊侯廷泰令靖人以爲德政所感

十年八月飛蝗過境蝗自西北來食草不食五穀是年與八年雖有蝗而不爲害

十三年三月龍見大雨雹是月旭日中忽黑雲密布自西南趨東北乃見一龍長數丈蜿蜒翱舞紅光四射後隨一巨鼉背若有所負經過處大雨雹禾麥盡損室廬亦多壞者

十七年四月初四日昧爽地震屋瓦有聲

十九年江涸時江水忽涸食頃復舊適艤舟於鶏鼻嘴下者遥望水涸處有石堤自南至北

逦遅起伏始知江陰諸山
與孤山之址本聯屬云

二十年夏秋霪雨疫麥盡死禾豆不登斗米三百餘
錢麥豆價稱是貧民始食糠粃
繼食草根樹皮石
粉病疫者甚衆

二十一年春大疫死者比戶棺櫬不能
遍給疫氣至秋始息

二十四年芝草生東鄉朱嘉稷竹園中生數莖
色赤有微馨朱乃移置盆中

二十五年冬嚴寒竹樹
多死

二十六年秋龍見東江口龍潭港居民見有龍自雲
霧中垂首而下兩爪騰拏
作戰鬬勢鱗甲翕張吸江水如白練千艘是年夏
茶庵殿旁有龍下雖鱗甲宛然要未若此之歷歷
可辨
者

二十九年五月二十八日未時地震墻屋撼動逾刻始定

三十一年八月飛蝗過境自北方來驟如風雨不傷禾稼

三十六年秋七月初四日大風雨江潮暴漲淹沒田禾是夕地震

三十九年飛蝗過境自西北來白晝蔽天飛墜江盡死不傷禾稼

四十年飛蝗過境自北來逾境不爲害秋稔

四十六年六月十九日大風雨歷三晝夜潮漲平地水深數尺廬舍倒塌溺死者無算歲大祲

四十七年春雨雪嚴寒隕霜殺麥已盡死旋於根荄茁細芽秀實逾望麥半熟

五十年夏秋大旱濱江麥禾頗稔鄉商雲集米價騰貴

五十一年秋大稔是年春斗米六百文至秋穀價驟減三之一

五十五年十二月二十日大雪凡三日積三尺餘簷際水柱垂至四五尺

嘉慶七年大疫症曰出痲幼兒病十之七凡菴內塑有痲神爲病家祈禱郭侯元照設齋醮於邑廟數日以痲神送之江中疫遂止

八年夏飛蝗過境自西北來不傷禾稼

九年夏霪雨凡七日夜各處有搶米事秋稔

十七年七月彗星見西南方入天市亘兩月始滅明年秋京師有教匪林清之亂

十九年夏大旱歲祲

道光三年七月初三日江潮泛溢淹傷田禾歲大祲

十一年夏霪雨凡十數日歲大祲八月流民至河決馬彭灣揚州府闔流民過境日二三千人不等流離之慘不勝縷述邑侯延諸紳士資送出境大口給錢十六文小口半之城邑賴以獲安邑增生潘泉作流民記以誌其事

十三年七月二十五日大風雨傷損田禾歲祲

十六年秋飛蝗入境不傷禾稼一冬無雪蝻子已生明年春收買未盡迨五月初旬雨中間以微雪始絕其種

十八年十月朔日食

二十年夏霪雨 凡十數日 歲大祲

二十一年冬大雨雪 凡七八日 積五尺餘

二十二年七月江上神燈見 堅退夷船之明日鄉勇防堵江上二更時見無數神燈遶江堤來往并見烏紗緋衣之神立空中或以爲江堤上陳忠節公祠在焉將毋著其靈異以捍大患與 棗樹生栢葉 城鄉棗樹皆生柏葉衛家以爲兵象 十月桃杏華

二十三年十一月冬至大雨震電

二十五年九月二十四日初更地大震

二十六年十一月十二日五更地震

二十八年六月二十日大風雨江潮泛溢漂沒廬舍淹斃男婦無數歲祲九月流民至時鹽城遭河決之患流民過境日千餘人自九月至十月增生潘泉倪象賢奉貢侯益謙札以賑局捐錢給資具舟送之

二十九年夏霪雨凡二旬餘高低田禾澇盡

三十年正月朔日食麥秀兩岐

咸豐二年十一月初六日初更地大震

三年三月初七夜地大震屋瓦皆動凡三次初八日午時復震十七夜地復大震八月長星見西北方凡十一日初見時形如箭長丈許更深漸西移不見

四年十一月二十六日亥時地震翌日寅時地復震

五年六月太白晝見十月十一日亥時地震十一月十四日白虹亘天去日下二尺許橫亘東西

六年夏大旱六月十九夜天鼓鳴七月初八亥時大星隕星大如月自西南流於東北墜地初九日欽差大臣向公榮在丹陽營病卒十六夜微雪十七日侵晨西門形橋有雪迹二十九日蝗自西北來先是六月二十八日侵晨七月十七日亥刻俱有蝗來自西北飛向東南而去是日以風捲遺落食稻粟雜豆及江灘蘆葦殆盡歲大祲

七年七月大風潮漲是月望後東北風五日潮大漲沿江禾苗殆盡八月蝗

復至先是六年秋蝗有遺種至七年夏蝗復生閏五月大雨連旬遂息八月初旬復有蝗自北來食稻粟菲竹蘆葉殆盡逾二十日不去旱種之麥亦被食野外遺種尤多八月己酉朔日食

十年夏熒惑入南斗十二月大雷電雨雹大雨雪

十一年夏彗星見薇垣右光長數丈月餘沒六月戊午朔日食秋長星見薇垣光尺許數日沒

同治元年十一月己酉朔日食

二年春二月鹹霜殺麥苗盡萎蘖旁生半收

三年春夏大疫秋風潮歲祲

四年風雨不時禾稼損

五年春夏霪雨歲歉

七年秋七月丙子朔日食

八年夏四月海市見城池樓閣悉具頃刻沒秋風潮災歉收

九年芝草生東城垣秋霪雨歲祲

十一年夏五月甲申朔日食

十二年夏彗星見文昌內堦之間旬餘沒

十三年九月太白犯月十二月熒惑守房

光緒元年春三月戊戌朔日食夏霪雨秋疫歲大祲

二年夏旱秋潮災太白晝見飛蝗過境不傷稼是年夏下河及東省蝗災十月十一月詔發饑民口給廩粥兩餐經春乃去其後至及散處鄉鎮者酌給錢米遣回播種

三年夏四月不雨十九日雨雹自孤山鎮至彭蜞港口迤邐十數里闊一二里不等五月二十三日大風雨拔木壞垣無算飛蝗過境自五月二十六日起至六七月不時常見來則蔽天秋蝻生逐日收買按斤給錢付烈焰焚之秋末始盡冬大雪

四年夏飛蝗過境不傷稼所止食草根蘆葉而已秋七月蝻生隨生隨撲十月淨盡九月八日雨雹

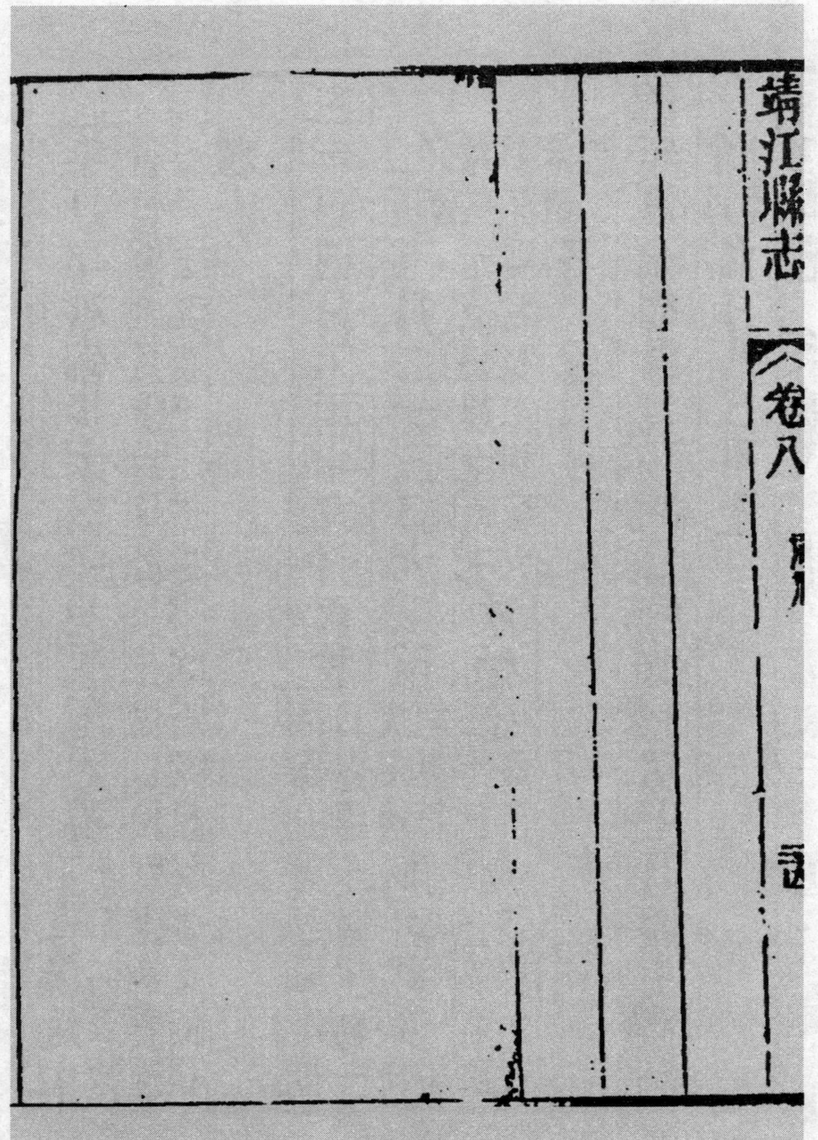
靖江縣志
卷八

【光緒】通州直隸州志

（清）梁悅馨、莫祥芝修
（清）季念詒、沈鍠纂

清光緒元年（1875）刻本

通州直隸州志卷末

雜紀

祥異

休徵咎徵見諸五行傳者他郡國從同而水氣勃戾失性爲沴濒江海之區尤廑念焉弭災召和端在人事豈盡蒼蒼者主宰是也

(宋)仁宗明道元年通州靜海海門泰興如皋大旱饑

二年復饑

英宗元豐四年七月甲午夜靜海海門大風雨漂沒沿江官私廬舍二千七百三十有六損禾稼

七年州城西北隅地藏殿後牡丹一莖五花

高宗紹興六年五月大旱

二十六年秋如皋蝗有鶖食之盡詔禁捕鶖

孝宗淳熙三年夏積雨傷稼民饑七月如皋大蝗日捕數十車蝝飛絕江

五年八月鼸鼠食禾既歲大饑民食草木

八年旱

九年靜海邑里燬於兵泰興蝗

十年如皋旱蝗害稼

寧宗慶元六年饑

嘉定元年泰興如皋大饑斗米二千

理宗淳祐六年泰興如皋飛蝗蔽天

寶祐二年泰興沙埠生紫芝一本三莖高一尺四寸

恭宗德祐二年如皐大饑人相食

元世祖至元元年海潮湧溢溺人無算

十八年饑

成宗大德二年七月暴風江水大溢高四五丈漂没人畜廬舍無算

九年六月蝗

十一年靜海水

仁宗皇慶二年八月通州如皐大風海溢

英宗至治元年泰興蝗

三年州郡饑

泰定帝泰定三年十一月海門水溢没民廬

致和元年大風海溢

文宗天曆元年六月靜海雨水傷稼

順帝至正元年海潮湧溢人多溺死

二年八月江水一夕忽竭

九年泰興張村民家產麒麟旋死

十九年雨雹害稼

二十年州大旱

明太祖洪武二十二年七月海溢捍海堤溺死鹽丁無算。

成祖永樂九年江湖漲四日漂人畜甚衆

英宗正統五年大旱饑

九年江水泛溢

十四年大水

代宗景泰五年五月大雪竹木多凍死七月復大雪冰厚三尺海濱水亦凍結草木萎死

六年江水溢

七年旱蝗

憲宗成化三年七月海溢壞捍海堰六十九處溺死呂四等場鹽丁二百七十四人

六年秋至七年春大旱運河竭

八年七月大雨海溢壞鹽倉軍民廬舍不可勝計

十六年狼山浮屠災

二十年大旱河竭斗粟易子女

孝宗[弘]治十六年夏秋大旱

十七年大饑死者相藉

十八年大旱蝗饑九月如皋地震

武宗正德六年六月大雨海溢傷禾十月狼山殿災

七年七月十八日風雨大作海潮漂沒官民廬舍溺死男婦三千餘口其日流寇劉七殲於狼山

十年四月有龍起西北風大作沙石蔽空推撤本州禮房架閣庫軍器庫及壞民居四百餘間

十一年淫雨傷禾雷擊泰興文廟東柱

世宗嘉靖元年六月朔日下有五色雲見七月二十五日震雷風雨大至江海暴溢民居蕩析死者數千人

二年春夏大旱秋大水饑民相食

八年七月通州等處雨黄沙禾稼不登如臯蝗

九年冬泰興雷

十年江溢

十四年大旱蝗

十六年夏雷擊通州文廟左鴟吻及左楹

十八年秋閏七月海水驟溢高二丈餘溺死民竈男婦二萬九千餘口漂没官民廬舍畜產不可勝計

十九年旱蝗秋大水傷稼

二十年春大水夏旱蝗

三十年雷擊如皋文廟火光迸地

三十二年如皋丁堰鎮地生白毛長二三寸

三十三年正月州北城戍鋪忽自焚二月朔南教場內楊樹火出節間衆以水沃之乃熄十一月二十八日有火光如柱見東方數夜乃滅如皋大旱疫

三十五年大有秋

三十七年秋大水害稼

三十八年三月二十五日狼山江海神祠災

是年夏秋大旱

三十九年大饑民食草木

四十三年四月西成鄉民家牛生三首

穆宗隆慶元年大雨連春夏

二年正月雷地震七月風雨江漲壞民廬田舍

三年七月風雨暴至海溢漂没廬舍溺死者衆

四年蝗蝕禾

六年如皋民家牛身有字文

神宗萬曆元年如皋野蠶成繭

二年有大星隕於西方火光四散七月十四日風雨異常江海泛溢拔木發屋溺死者不可勝計次日有青鸞數十棲於狼山爲僧人所殺

三年六月朔大風壞民居傷禾稼

五年七月四日州城南郭外民李鍠妻徐氏一產四女二不全體踰日母子俱死海門縣陸某家牆下聞犬聲掘牆得四犬斃其三一犬入地不見

六年冬大冰雪飛鳥墜地死

八年泰興麥數歧冬地震有聲

十年七月己巳夜大風拔木海潮泛溢漂溺民舍人多死者十年十一年皆大有年泰興斗米錢三十

十五年大水

十六年大旱民饑人相食泰興知縣段尚繡禱之輒雨乃大有秋閏六月戊寅夜大雷狼山浮屠災

十七年十八年旱

十九年泰興麥三岐牛雙犢

二十年如皋產芝二本

二十一年雨黑黍地震

二十五年水嘯

二十六年春淫雨無麥

二十七年如皋焦家莊產芝二本李上林宅枯竹復生

三十四年郡人張一元烹鼈有寸許人五官皆具

四十年郡人白有慶烹鼈有寸許人五官皆具

四十一年飛蝗害稼

四十三年大饑地震

四十四年八月日光摩盪有五六日並見經月始滅九

月蝗十一月龍游河孕婦產巨蛇

熹宗天啟元年二月雨雹四月日食不見

三年十二月丁未酉時地震有聲如雷

五年猨山塔頂有赤烏如火六月大旱

六年六月地震

七年正月己丑雷震猨山浮屠東北角八月庚戌又震

西南角五級皆穿

莊烈帝崇正元年雨雹大雪雪中聞雷四月麥秀三歧

七月癸酉大風至八月辛卯止沿江田地半圳於江冬

十一月癸未雷雹乙酉天大昏霧著草木皆冰

二年六月丁亥颶風海溢壞田廬

三年八月潮没田廬冬日中虹見日傍有兩日

四年五月淫雨四十餘日七月郡民姚龍婦生子類牛一尾一角九月南廂民李樹聲妻尤氏產一子三目四手兩角肉帶飃颺者二跳踉欲上屋遂扼殺之湖某家僕婦生一蜒一鋋最後生子有身而無首

五年六月辛巳大風拔州城南張武定公祠中樹樹幾三百年壞民間廬舍無算

六年大旱河皆龜坼民饑

七年正月戊子雷震雨雹十月十一月太白經天幾月餘十二月丁亥未時雷

九年正月二十八日早昏黑如夜疾雨雜雷中隕黑豆

滿地拾之須臾盈掬其味甘苦不一五月辛未州東門
外八里河星隕如雨
十年正月朔日食二月晦己亥日始出色赤如血無光
有青色如日者數千百或聚或散與日相摩
十一年大旱民饑
十二年大旱蝗飛蔽天民大饑疫
十三年大旱蝗食草木葉皆盡
十四年大旱自春不雨至冬溪河涸竭蝗蝻復生民大
饑疫
十六年冬至夜雷大震
十七年三月太白經天大疫

國朝順治二年閏六月十五日星隕如雨九月二十七日甘露降十月十五日空中有聲

三年正月朔迷霧三月苦雨淹麥州中丁祭鹿自斃九月霜降日聞雷

四年大旱饑疫死者甚眾

五年雨傷穀民饑秋旱

六年六月二十三日龍現全身七月大旱

八年四月苦雨民饑大水復衝壞民居米價一石四兩

十一月木介經旬

九年二月雨雹

十一年六月二十二日颶風湧潮死者以萬計

十二年四月郡兵王四妻生男長二尺五寸浴時扶盆
而立越三日母死
十三年七月十四日白虹貫日
十五年八月二十三日地震十月朔虹見越二日大風
潮没望江樓
十七年十一月朔虎入境
十八年夏旱七月十四日風拔狼山四賢祠大木祠宇
盡毁次日海潮灌河河水盡黑魚蝦之屬俱絕九月單
山飛星竟夜
康熙二年正月震雷達旦五月不雨至於七月禾苗盡
枯九月雨不止江鄉被沿農民棄田轉徙十月桃李華

林檎實十一月四日雷電

四年泰興水災

七年如皋地生毛六月地震

十年六七月大旱

十一年蝗

十二年正月泰興木介三日

十六年江水溢

十八年大旱飛蝗蔽天

十九年如皋麥穗兩岐

二十二年春夏緜雨黑蟲食麥

三十年六月海潮暴溢溺死者無數

三十五年江潮溢溺人無算

三十六年泰興麥穗兩歧

三十八年大旱蝗

四十年大稔

四十四年大水

五十年大饑

五十五年八月雷擊狼山浮屠

五十六年十月雷

五十七年大雪盈丈

雍正元年淫雨傷稼民饑

二年夏蝗秋大風雨海嘯市上行舟州沿海漂沒一空十

二月雷

五年雌鴨化爲雄十一月地震

六年夏旱

七年夏旱蝗

八年冬桃杏華

九年冬十月地震

十年秋風雨大作江海水溢八月桃杏海棠華十一月

地震

十一年正月雨雹夏大旱六月大水秋雨黑豆冬霣豆

實歲大饑

十二年東鄉麥穗兩岐夏大雨行潦成渠大風壞屋無

算海潮溢

十三年學宮尊經閣鴟吻吐瑞烟秋大水冬雨黑豆

乾隆元年春三月園竹開華夏四月北郭火災延燒百四十家二十三日夜大風雨水溢市衢秋大水冬訛言禁民間畜雞四境盡殺而瘞之

二年白蒲范氏田中麥穗五歧形如指掌

三年秋大旱河竭民饑

四年夏大旱疫

五年春三月朔狂風拔木秋沿江蘆洲田蟲災冬異冷

七年二月隕黃沙南郭民家菊有黃華秋大水無禾

九年春雨雹夏大旱秋蝗

十一年夏旱

十二年春正月雷秋大風雨拔木壞屋江溢傷禾

十三年夏五月暴風雨雹拔木壞屋無算

十四年元日五色雲見三月如皋徐孝子墓田產芝二本

十五年夏大疫

十七年麥穗兩歧四月地震九月象鼻橋顧之瑞墓產芝草二本

十八年白蒲陳氏田麥穗雙歧

十九年春旱夏大水秋大風海溢

二十年自二月雨至八月止江海暴溢冬大雪大饑

二十一年春大饑升米百錢夏大疫比戶無免者

二十四年夏旱蝗

四十六年立秋前一日大風江溢沿江郡邑傷人無數

秋日玉蘭再花

五十年大旱大饑夏大疫秋日杏樹花

五十一年春旱至六月始雨饑疫

五十二年如皋產芝七莖

五十三年豐利場麥穗雙岐

五十四年旱

五十五年夏四月大雨冰麥諸損赤地數十里木葉盡

脫

六十年麥穗雙歧南沙有四五六七穗並一莖者

嘉慶二年大風雨海溢傷居民

九年七月癸兜沿江潮溢

十二年七月大雨雹

十九年夏大旱河盡涸

二十五年夏旱

道光元年四曐聚於壁夏秋大疫村里中有一日連斃數十人者有一家數口盡歿者

三年夏大水

九年七月旱

十一年夏大雨江潮暴漲

十二年冬大雪

十三年秋大風潮溢日光黯淡作淡綠色十月雷雨兼旬歲歉成災

十四年秋大水

十六年秋蝗不爲災

十八年六月大風雨江水漲溢

十九年正月大雪盈尺三月大雨雹

二十三年夏旱

二十八年六月壬戌自寅至申東北颶風大作拔木毀屋江海暴溢平地水深數尺歲大歉

咸豐二年州西庫火

三年正月己巳晚昏有火如星如燐以千百計自西南趨東北隱隱聞甲兵聲凡四五夜四月五月地數震

四年州學宮明倫堂忽圮

六年夏秋亢旱飛蝗蔽天歲大歉

十年三月大雪

十一年八月丁巳朔日月合璧五星聚奎

同治二年冬桃杏華

六年夏疫雞翅生爪

十一年三月雨雹五月地震有聲

十二年夏旱

十三年雷震白蒲文峰閣神像出檻外

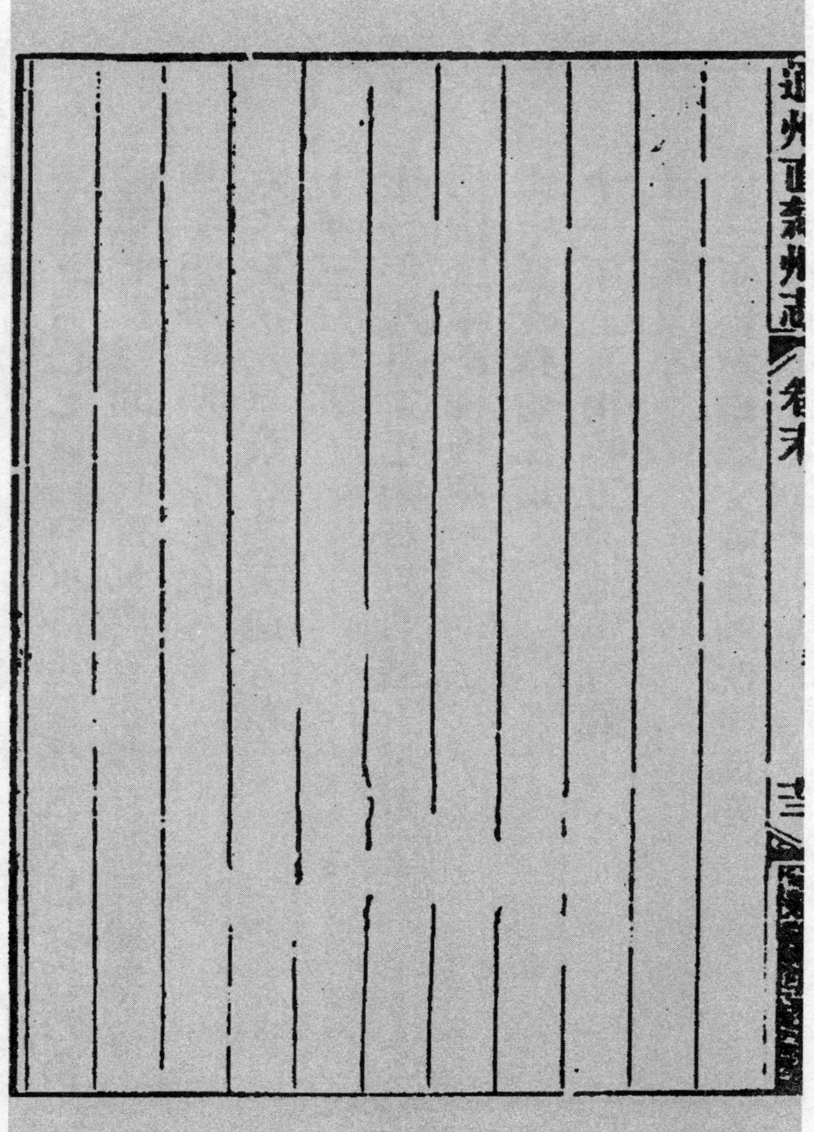

劉偉纂

【民國】海門縣圖志

民國間稿本

民國海門縣圖志卷二

設治以来政事年表

政謂國政事則民事官治與自治相需乃可理也君主之世予之實而靳其名凡民所事悉以官督而行之斯自治之迹不彰海門為新造邦華路藍縷以闢汙萊不數十年而百度迭興規模猶具用不支一爷非自治之明效實徵與特紀載多缺可考者寥寥耳昔司馬子長作史記漢興以来將相名臣年表首列大事記為便於稽省也一邑之事未足為大略師其意為設治以来政事年表而繫以主政者姓氏庶某焉賢某焉能與夫今昔風會之變遷民生之舒促来者得以概覽焉

清

乾隆三十三年

江蘇巡撫明德奏請畫通州崇明縣新漲沙洲置海門直隸廳設同知一員照磨一員俱定為要缺在外揀選調補同知裁蘇州府海防同知移駐照磨裁狼山巡檢移駐直隸江蘇省

二月　奉硃批該部議奏吏部户部會議覆奏應如該撫所擬請

四月　奉旨依議

七月　解韜来知廳事

三十四年八月　介玉濤来知廳事

三十五年　免征本年地丁錢糧

八月　徐文燦来知廳事逾月以疾去

十月　郭本才来知廳事

三十六年四月　劉伯壎来知廳事

七月　大潮爲災通詳督撫題請發帑振濟蠲緩本年錢
糧

三十七年　永停編審戶口

二月　徐文燦重来知廳事

三十八年

三十九年　刱建廳署於裙帶沙右偏爲照磨署監獄環以磚

垣溝其下為衛遴選董事劉德浩等十人經理捐

輸工程

築師山

部令赴通州考試沙籍生員列前茅者與州學生

員一例幫補

四十年

規築西天補沙海塘

十一月

會同崇明縣知縣范國泰丈量由崇境永旺沙老

坎至海境半洋沙廟港老岸江面計潤三十一里

九分有奇中分廳縣界各轄其半聯銜會詳定案

四十一年

西天補沙海塘成長二千一百八十丈董其事者

周峯沈涵等由是通海陸路始達人稱徐公堤

規建文廟學宮鑿頖池

四十二年　免征本年地丁錢糧

四十三年五月　文廟成

四十四年四月　同知徐文燦升調去邑人立祠於署東祀之

那澄来知廳事未逾月罷

五月　龍燦眠来知廳事

四十五年　免征本年地丁錢糧

十月　楊燦来知廳事

四十六年閏六月　大風挾潮入廳署大堂署外軌垣盡毀通詳督撫

題請發帑振濟糜帑銀十七萬千八百四十九兩有奇蠲免本年下忙錢糧九千五百四十九兩有奇已征者留抵四十七年新賦

四十七年

四十八年

四十九年　勘定通海界河

五十年　覆勘定案立碑起通境十甲壩以西入永興沙轉南趨西川港入江

五十一年

二月　七德来知廳事

六月　吴元潛来知廳事

八月　李程蓮来知廳事凡六月三易同知

五十二年三月　呂燕貽来知廳事

十月　李程蓮重来知廳事

五十三年

五十四年　大旱

七月　王朝颺来知廳事

五十五年　免征来年地丁錢糧按額征銀數分三次逐年減

免

十二月　王恒来知廳事

五十六年　免征地丁錢糧三分之一

陳浩〻子裕浩女弟陳八節姑捐建涸甦堂並歲

租

五十七年　免征地丁钱糧三分之一

建社稷壇於西南郊先農壇於東郊置耤田厲壇

於東南郊

勘定崇海界河立碑起舊海洪介廳境半洋沙永

阜沙崇境協旺沙之間入江

八月　魏右曾来知廳事

五十八年　免征地丁錢糧三分之一

王朝颺重来知廳事月不詳以魏署任例推之當在七月

五十九年　免除本年漕糧並蠲除積年正耗逋欠緩征帶征等銀

七月　李英来知廳事

歲饑時已報稔而秋收不登格於例不敢請振

六十年　沈廷樞辦春振出倉穀爲粥而食飢者男女異廠自正月至於四月日七八千人事畢無擾耗以萬金計

八月　德喜来知廳事

嘉慶元年　大旱歲饑

免征本年地丁錢糧三分之一並免積年未完糧

米及地丁正耗銀

沈廷樞辦振如初同時楊沾祿施永芳陳勝占倪

駕凰亦各出穀振濟民賴以全

三月　李學顏來知廳事

十一月　李逢春來知廳事

二年　免征本年地丁錢糧三分之一

五月　安純仁来知廳事　李伯龍

六月　李逢春重来知廳事

三年　免征本年地丁錢糧三分之一

二月　安純仁来知廳事

六月　李逢春三来知廳事

十月　王錦来知廳事

四年

免征積年逋賦

七月　風潮海溢大雨水自十三日至二十七日通詳督

撫奏奉上諭通州東台海門等處猝被風潮該督

務須實力撫卹毋令一夫失所然因勘不成灾僅

予緩征

十月　瑭瓆来知廳事

十一月　安純仁重来知廳事

五年二月　顏崇槼来知廳事

十二月　安純仁三来知廳事

六年

七年　移建郡廟於廳治西北按今武廟西偏相傳係舊郡廟建始無考

八月　楊德芳来知廳事

八年二月　安純仁四来知廳事

九年　建文昌宮按董曰中記建於文廟之南正殿上為傑閣今之奎光閣殆其遺址

郡廟殿屋成

十二月　章廷楓来知廳事

勘定通海閘民竈界河越通境十甲壩以東沿舊

十年　海洪呂四場出海

十一年　歲饑
用周鳳章議籌捐振濟由官監督查放析災鄉為
數十區立條目七則區各經畫為政終事無擾
沈廷楹辦春振如初
四月　同知章廷楓以卓異升知潁州府事
俞穎達来知廳事
九月　章廷楓重来知廳事未久即去呂燕昭重来亦不
久去
十一月　俞穎達重来知廳事凡八月四易同知
歉收

十二年六月赫景来知廳事

十月俞顥達三来知廳事

十三年六月達枚来知廳事

十月王之導来知廳事

十四年七月劉平驕来知廳事

規建師山書院於學宮西偏

十五年楊秀巖領建節孝祠公蠲田供春秋祭祀

八月陳觀國来知廳事

師山書院成

十六年五月錢有序来知廳事

十七年正月閻庭桂來知廳事

巡撫朱理奏請設海門直隸廳學酌定學額禮部議准照甘肅循化廳例歲科兩試各取進文童四名歲試取進武童二名廪增各二名六年一貢於是海門始有學乾隆二年後酌撥通州學額文童二名武童一名取進之沙籍生員与州學遂分設訓導一員由崇明縣訓導裁移建訓導署於學宮東偏按訓導署在未設前學陳大始認捐至是龔照芽[illegible]芳等復捐款成之並置歲修公田

十八年八月曾條來知廳事

十九年閏六月 陳觀國重来知廳事

移建文昌宮與於廳署東

十二月 俞穎達四来知廳事

二十年正月 福端来知廳事

五月 孫源潮来知廳事

十一月 梁蘭滋来知廳事凡十二月四易同知

二十一年七月 王仲簡來知廳事

十一月 梁蘭滋重来知廳事

二十二年

二十三年 郡廟落成

二十四年　免征二十二年以前逋賦
七月　王禮中來知廳事
十二月　孫源潮重來知廳事
二十五年
十一月　督徠重來知廳事
道光元年
十一月　羅心源來知廳事
奉詔自後恩科試得增廣文額二名
黄儒𥳑建東洲課院按院建於道光初不詳年月姑列此
二年
十月　福端重來知廳事
三年　大水
黄文源令遣海船十餘赴直隸山東浙江購雜糧

短價出糶

四年五月 劉大烈来知廳事

五年十一月 許文綬来知廳事

六年

七年六月 劉珽来知廳事

七月 伍家榕来知廳事

八年二月 許文綬重来知廳事不兩月去以通州知州周燾

兼署不數日又去

四月 克實泰来知廳事

十一月 馮思澄来知廳事凡十月四易同知

九年五月李國瑞来知廳事

六月馮思澄重来知廳事

七月周岱齡来知廳事凡三月三易同知

重修文廟增建崇聖祠明倫堂尊經閣遴沈文裕

楊依劉金煒菁董之

十年二月徐麟趾来知廳事

十一年崇聖祠明倫堂尊經閣成沈文裕耗三千金

七月潮灾

十二年六月陳經来知廳事

七月張蓮茹来知廳事

十三年八月　楊承湛来知廳事

十四年　呈請過投契免稅巡撫林則徐准之著為例

七月　阿勒精阿来知廳事

十月　清平来知廳事

十五年　免征十年以前逋賦

十六年

十七年

十八年　楊朝鼎兄弟出私田千畝收租貯穀備水旱輔義

田所不逮

十九年四月　劉文徽来知廳事八月去通州知州劉景壽春兼署

九月陳玉成来知廳事凡六月三易同知

二十年 大水為災

清平重来知廳事月不詳

五月克賓泰重来知廳事

二十一年

二十二年

二十三年 四月常凱来知廳事

二十四年 七月查德基来知廳事

十一月周維新来知廳事

二十五年 免征二十年以前田賦

四月　松海来知廳事逾月去蔣光璁来未逾月去

六月　周維新重来知廳事凡三月三易同知

二十六年　水災

二十七年正月　福祿堪来知廳事

十一月　連山来知廳事

二十八年　潮灾

二十九年　水灾

三十年　歲大饑食草根樹皮盡道多餓莩

咸豐元年　[illegible]生四孫獻等稟設溥善堂旋廢（但云道光年設年月無考姑列於此）

咸豐元年　免征道光二十九年以前逋賦

二年

三年

四年　天主教建堂於廳治西市

五年

六年

七年二月　錫淳来知廳事

八年九月　白聯元来知廳事

十一月　存祿来知廳

九年十二月　李煥文来知廳事

茅炳文刊師山詩存成乾嘉道咸文獻多賴以徵

十年

十一年　潮安

同治元年　覺征咸豐九年以前逋賦

二月　梁悦馨来知廳事

二年正月　李煥文重来知廳事

通州後天教主王黄朝颺謀逆事洩来匿九堆廟五月捕鮮通州正法（詳續志海門廳耆舊傳志張衡傳）

三年　籌餉例開輸餉銀二萬兩增文武學額各二名

四年　捐輸奏案發部委蒞海讞問經其事者多逮繫李煥文離職潛行

七月　黄慶熙来知廳事

五年　二月　釐捐局委員黄克家兼同知代未幾桂迓衡来

捐輸案解懲儆有差

六年　詳請革除絶産貼找等弊習立碑大堂

七年　籌繳餉銀二萬兩增文學額二名武學額六次各

二名

三月　同知桂迓衡去屠楷来知廳事

八年

九年　二月　陳光烈来知廳事

茅師古控歸户單五年一領書吏需索擾民於部
請革除不許復呈控於甯垣總督曾國藩飭廳詳
情
十二月　張錦瑞来知廳事
十年
十一年　免征六年以前逋賦
七月　詳准革除歸户單五年一領之例立碑大堂
八月　俞麟年来知廳事
十二年
十三年

光緒元年　奉諭自後恩科試得增廣文額三名

下沙饑

二年閏五月　盧驤雲来知廳事以勤事兩月卒於任

八月　王家麟来知廳事令四行易知由單

三年　楊點以易知由單擾累甚於歸戶偕鄉民籲請廢除王家麟紿衆入署閉門捕繫而鋻以毀署上聞欲置點於法省委通州知州孫雲錦鈎鞫得實覆詳平反總督沈葆楨奏革王家麟職

三月　張開祁来知廳事

無賴陳錫光結黨侵暴鄉里捕置諸法

五月　蝗

四年　四月　蝗

五年　建清潔堂

六年　三月　釐捐局委員汪承福兼署廳事

七年　督學黄體芳奏准加廪增額各四名四年一貢

六月　吕賢彬来知廳事

八年　八月　陳家熊来知廳事

九年　沈燮均等請减通海花布釐捐

冬荒

十年　督學黄體芳奏請設拔貢一名部議准照州縣學

考選

六月 李春藻来知廳事

十一年 水灾籌辦冬振

十二年 春振詳准提用穀息八千緡

始移植湖桑州秧興蠶桑

十三年閏四月 恩秀来知廳事

十四年十二月 曹榮巘来知廳事

十五年

十六年正月 李春藻重来知廳事

黄世豐等請復設溥善堂

十七年　歲饑

八月　釐捐局委員王彥澂兼代九月劉文澂来

十八年　春振詳准提用穀息六千緡

始設繭行

冬大雪逾尺嚴寒河腹冰樹皮盡裂

十九年　王賓来知廳事

二月　大洪鎮鄉民毀教堂捕繫首要責賠事以觧

二十年　學院溥良奏請增文學額二名部議照准自是共

為十名始得列於小學

二十一年

正月　省委道員来辦團練以楊照率一營任江防張雲

梯率一營任海防餉由地方籌給五月撤防

廳人陳維鏞沈燮均通人劉桂馨等集資籌辦紗廠

於通境唐家閘

二十二年　建灑埽公所

沈燮均捐建考棚

二十三年　文廟樂舞祭器成

勘定小安沙接漲新沙崇海爭界由東昌鎮界河

起直出至海壖盡處

溥善堂成推楊點董之

五　秋大水歉收

二十四年　工振大治小安沙各縣河

奉詔考試廢八股改策論旋復

設商會

総督劉坤一題請以張謇為大生紗廠總理

始建長樂鎮社倉無賴搗毀之旋復自此至三十

年成社倉三十三所

巡撫某奏請改崇明貂貂司為崇海司

二十五年

二十六年　始通滬海間輪運

蝗歉收

二十七年　奉諭興學校廢八股改策論

征土膏稅

征房捐

五月　梁佩祥來知廳事

大水歉收

張謇請辦通海墾牧公司總督周馥代奏部議照准自後淮南各鹽場產漸微而墾務漸盛海濱斥鹵可耕者盡闢為農田國與民兩利

二十八年　工振治河

六月　王賓重來知廳事

改師山書院為中西學堂嗣改為海門中學嗣又

改中學預備科

奉准設崇海司

二十九年八月 同知王賓以致事去梁孝熊来知廳事

禁鴉片

三十年 停州縣試改學官為奉祀官

設巡警總局

三十一年 風潮歉收

三十二年 奉詔分九年籌備立憲府廳州縣設地方自治會

城鎮鄉設議事會董事會

分廳境為城鎮鄉十區籌備自治

三月　組織學務公所總持學務改中學為高等小學

學部頒教育會章程

始征地方二分畝捐充自治經費

八月　章維鈞来知廳事

十月　教育會成立開會選舉

三十三年　學部頒勸學所章程

九月　改學務公所為勸學所任樊璞為總董分廳境為

四學區

三十四年　建地方自治公所於廳署東

八月　呂道象来知廳事

奉令實行選舉辦地方自治

宣統元年　選舉江蘇省諮議局議員以選民比例得二名

三月　梁孝熊重来知廳事

六月　勘定墾牧公司通海界立界碑

二年　建勸學所於地方自治公所東偏

開墾牧公司通海界河

三年　選舉地方自治會評議員

城鎮鄉十區完成議事會董事會

八月　武昌義軍起九月江蘇光復十月奉江蘇都督府

令改廳為縣

推龔世清為民政長

西一區鄉愚搗毀學堂捕治首要旋平

南通總司令部派緝私營來駐防

中華民國

元年

一月　中華民國南京臨時政府成始用陽曆按是年元旦為陰曆十一月 日

二月　清帝遜位南北統一按宣布遜位在陰曆除夕

辦縣境測量

改城鎮鄉為市鄉仍分十區

裁釐捐改徵貨物產銷稅

司法獨立設地方審判廳檢察廳

裁勸學所

緝私營長徐同慶專横不法南通總司令部派隊

來繳械遣散

五月 臨時縣議會成開會選舉

六月 縣參事會成

八月 盧鴻鈞來任民政長

縣教育會成縣農會成

設公款公產保管處

始征九分地方畝捐

始征地方附税每銀一兩附税三角漕一石附税一元

衆議院議員省議會議員初選舉

衆議院議員省議會議員複選

二年

始改通如海為食岸設官鹽棧銷淮鹽按海境本為浙鹽引地以毗連通屬各鹽場向准肩挑販賣而浙江運司庫歲由錢糧帶征鹽課四百三十九兩二分一釐解交例不過問自設官鹽棧税日增而價日昂視四十年前已增負擔百倍

電報局開辦

始行印花税

三月　民政長改稱縣知事

市鄉教育會依次成立

七月　廢審判檢察兩廳改審檢所旋廢改設承審員

縣知事兼理司法

十月　吳梅来知縣事

十一月　奉令大捕國民黨員三十六人

三年一月　王紹曾来知縣事

二月　停辦地方自治設地方自治善後事務所每區設

區董一人

設教育款產清經理處

呈復國民黨員事案得解

始置滬海道尹本縣隸焉

旱歉收

清鄉

四年

七月

水大風歉收

始征二分省畝捐

張謇組建大生第三紡織廠於陳蒼球灣

黃照青改建舊訓導署創私立海門中學

五年

五月

劉式謨来知縣事

改四學區為六

六年九月 馮如玠来知縣事

十二月 趙占元来知縣事

各區董請減征地方畝捐每畝二分

七年 第二屆省議會議員選舉

財政部核准土布免稅

始築縣道西起徐公隄東迄六區〻公所

復設勸學所裁教育款産經理處

八年 大生第三紡織廠建青龍港會雲閘闢縣治市至

廠中心河

民營海明電燈公司開辦

七月　奚侗来知縣事

八月　汪保誠来知縣事

九年　大生第三廠紡織築成青龍港至廠輕便鐵道

張謇等呈准留觧二分省畝捐作地方水利費

十年　大生第三紡織廠開車

縣道通車

民營海聽電話公司開辦

十一年　五月　劉鼎来知縣事

十一月　王紹曾重来知縣事

第三屆省議會議員選舉

十二年六月　恢復地方自治
改勸學所為教育局
開濬海啟界河

十三年　颶大水歉收
江浙構釁敗兵過境

十四年一月　周恩緒來知縣事
清鄉設局

十五年　國民革命軍北伐設籌防會

十六年三月　國民政府成立於南京
廢道尹縣直隸省政府

五月　革命軍定江北縣駐孫傳芳軍北去

改稱縣知事為縣長縣公署為縣政府

縣黨部成立

葉紹衡来任縣長

七月　孫傳芳軍復據揚州

八月　革命軍重定江北

施述之為縣長

無賴某組挺進隊謀擾地方嚴防得無事

裁貨物稅

復征九分地方畝捐

十七年　設各區行政局置局長下分街村閭兩級各置長一人

五月　施述之升調南通汪一鳴来越的文欽明来

蝗

九月　大水

加征五分五釐教育畝捐　按地方畝捐內原有二分五釐教育費至是加征共八分遵令辦理之政名目繁多小學教員薪給益苦改業者多遂強迫師範畢業生當教員

征五分築路畝捐

征二分防務畝捐

十八年　加征三分五釐地方畝捐

始辦縣立農場

改行政局為區公所置區長

匪徒假共產名義肆暴設保衛團

七月

江輔勤来任縣長

十九年

吴耀春来任縣長月日無考

匪徒侵擾第三四五等區第五區保衛團教練宋

春寧被遇害

加征一分五厘地方畝捐

征二分農業改良畝捐

征五釐財務畝捐二十三年停征

十一月　章維變来任縣長

二十年　大水歉收

海啟會勘悦和港口新沙立界碑標

籌辦清丈

始征菸酒税營業税

九月　日本奪我東三省通海土布絶市

二十一年　十九路軍禦日寇於淞滬通如海啟組聯防會

一月　第七分局格斃著匪四名

設保衛委員會賑務委員會

五月　省令定民灶沙歸縣管轄通海兩縣會立界石按該

沙地在海境獄訟歸海錢糧歸通錯雜不便至是始定東一総至八総歸海

省令畫本縣為第一棉作推廣區始征五釐户籍畝捐

征保衛特捐農四十畝商基金五百元征國幣一元多者遞加

征清丈費每畝五分按省令定每畝一角請准減半征收次年復請准緩征

二十二年

四月

省令劃行政區設督察專員通如海崇啟請為南

通區

夏大旱有蝗

九月

大風挾潮平地水深數尺歉收

通如海啟議闢中心河以工代振未果按定議西起通境陸洪閘經海境東近啟里東々南入江

二十三年一月　清鄉

二月　工振闢中心河西起長樂鎮東迄悅来鎮

六月　禁鴉片

接收善公學田

七月　併十區為六區置長如舊下分三級鎮長鄉長保長甲長

辦保甲稽戶籍

十月　陳桂清来任縣長

二十四年一月　保安隊第二中隊在叙陽鎮富安鎮鬧餉繳械遣散

三月　辦積穀倉於江海關舊屋以積穀基金儲麥

設海門醫院

規建公園

八月　始征四分保衛畝捐

【光緒】淮安府志

（清）孫雲錦修　（清）吴昆田、高延第纂

清光緒十年（1884）刻本

淮安府志卷三十九

雜記

漢地節四年封長安男子張章爲博成侯博成淮陰鄉名按鄉亭諸侯衣租食稅多系虛號漢以後雖名開國並租稅亦無之編中刪去此門免滋講誤最謬者宋輿地廣記於楚州下載建武中封子荆爲山陽公治此十七年爲王國下又云晉義熙七年置山陽郡改射陽爲山陽是義熙以前楚州尙無山陽何以東漢已有封國自爲矛盾莫甚於此

魏黃初中帝幸廣陵將濟表水道難通帝不從於是戰船數千皆滯不得行議者欲就留兵屯田濟以爲東近湖北臨淮若水盛時賊易爲寇不可安屯帝從之車駕即發還到精湖水稍盡盡留船付濟船本歷適數百里中濟更鑿

地作四五道𢷋船令聚豫作土豚遏斷湖水皆引後船一時開遏入淮中帝還洛陽謂濟曰事不可曉吾前決謂分半（一作卒）燒船於山陽池中卿於後致之略與吾俱至譙又每得所陳實入吾意自今討賊計畫善思論之

吳赤烏元年人於會稽山石穴中得淮陰侯韓信劍乃少時所佩者帝以賜周瑜（見刀劍錄推瑜卒於建安十五年去赤烏近三十年不足據）

晉永嘉末京師大亂祖逖率親黨數百家避地淮泗少長咸宗之推爲行主達泗口琅邪王睿用爲徐州刺史

建興元年祖逖爲奮威將軍豫州刺史給千人廩布三千匹不給鎧仗使自招募屯於淮陰起冶鑄兵器得二千餘

人而後進祖逖傳

太興中孔衍出爲廣陵太守郡鄰接石勒衍教授後進不以戎務廢業石勒常騎至山陽敕其黨以衍儒雅之士不得妄入郡境按此時未立郡山陽乃射陽縣內地名

永昌元年王敦反時劉隗鎮淮陰徵還京師及敦克石頭隗攻之不拔入宮造辭帝雪涕與之別隗至淮陰攜妻子奔石勒劉隗傳

太寧初劉遐自彭城移屯泗口鎮淮陰咸和元年卒以郭默爲北中郎將領遐部曲田防等不樂他屬立遐子肇欲爲亂遐妻邵止之不從乃密起火燒甲仗都盡肇得襲爵

劉遐傳按遐妻乃邵續之女驍果有父風此舉不惟定亂其有德於淮人多矣

隆和元年北中郎將庾希助陳祐守洛陽希自下邳退屯山陽十六國春秋

太和四年十月桓溫及燕人戰於枋頭不利收散卒還屯山陽　十一月溫自山陽及會稽王昱會於涂中將圖進取

永和五年石虎死褚裒請伐之即日戒嚴直指泗口本傳

北中郎將荀羡使參軍鄭襲戍淮陰本傳

八年荀羨北鎮淮陰屯田於東陽之石鼈本傳　殷浩北伐次泗口本紀

太元三年苻堅遣步騎七萬寇淮陰

四年陷淮陰 謝元率衆與戰焚橋斬將秦師退載記

義熙四年魏兵侵逼自彭城以南民皆保聚山陽淮陰諸戍並不復立劉道憐請據彭城以漸修剏朝議以彭城縣遠使鎮山陽

五年劉裕抗表北伐六年徐道覆盧循寇南康廬陵豫章諸郡帝馳使徵公即日班師至下邳以船運輜重自率精銳步歸至山陽宋武帝紀

宋元嘉二十七年魏太武自彭城南侵命高梁王阿斗埿出山陽太守蕭僧珍斂居民及流迸百姓悉入城臺送糧

仗給盱眙敵逼分留山陽又有數萬人攻具當往滑臺亦留付郡城內垂萬家戰士五千餘人有白水陂去郡數里僧珍逆下諸處水注令滿須敵至決以灌之敵旣至不敢停引去索虜傳

垣護之戍淮陰加建武將軍濟北太守本傳

泰始二年薛安都反山陽太守程天祚據郡同安都攻圍彌年然後歸順

建元初魏師南侵詔李安民持節履行緣淮清泗諸戍屯軍虜攻朐山連口角城安民頓泗口分軍應赴三年引水步軍入清口至淮陽與虜戰破之南齊書李安民傳

山圖除寧朔將軍漣口戍主山圖過漣水築西城斷虜騎

路并以漑山

建元元年淮北四州起義上使山圖自淮入清倍道應赴會義衆爲虜所没山圖拔三百家還淮陰表移東海郡治漣口 周山圖傳

齊建元二年九月有司奏山陽縣界若邪村有一槐木合爲連理淮陰縣建業寺黎樹連理 五行志

魏寇淮陽圍程買甬城遣李安民救之敕周盤龍率馬步下淮陰就安民買與虜戰死盤龍子奉叔率衆陷陣盤龍方食弃箸馳馬奮矟直奔虜素畏其驍名卽時披靡時奉叔已出見其父久不出復躍馬入陣虜衆大敗 本傳

王敬則射陽人 南齊書有傳舊志列仕蹟按敬則反覆小人終以叛誅列仕蹟不當亦不足辱人物

不錄

梁天監七年柳慶遠假節守淮陰本傳

陳大建五年徐敬成隨吳明徹北討自繁梁湖下淮圍淮陰城仍監北兗州淮泗義兵相率響應一二日閒衆至數萬遂克淮陰山陽鹽城三郡徐度傳

十年北討衆軍敗績於呂梁四月樊毅遣軍渡淮北對清口築城　霖雨城壞不守本紀本傳

十一年南北兗晉三州及盱眙山陽等九郡民自拔向建業宣帝紀按十年吳明徹爲周所獲江北地盡入周故此云自拔也

魏世宗初梁角城戍主以城內附遣淮陽太守吳秦生率

兵赴之梁淮陰援軍已來斷路柰生破之克孫城元曜傳

周建德七年陳將吳明徹寇吕梁徐州總管梁士彥戰不利保州城明徹堰淸水以灌之詔王軌率兵赴救潛於淸水入淮口多豎大木以鐵鎖貫車輪横截水流斷其船路密決堰以斃之明徹懼退至淸口川流已涸船礙於車輪不得過並就俘王軌傳陳書

隋開皇七年四月於揚州開山陽瀆以通運高祖紀

仁壽二年正月二十三日以舍利眞形分布五十三州建立靈塔令總管刺史以下縣尉以上廢常務七日請僧行教化期用四月十八日午時合國化內同下舍利封入石

酉其後各以瑞應來奏楚州野鹿來聽雁翔塔上隋王劭感應記

按龍興寺碑陰云景龍二年立尊勝塔賜田千畝或云郎今城西北隅塔也据感應記則楚州在隋已有塔矣感應記多誕詔不實然鹿雁可以傳致若數十州同時起塔有目共覩非可虛構但未知今塔即其遺址否

唐武后光宅元年九月徐敬業據揚州起兵十月楚州司馬李崇福以山陽安宜鹽城三縣歸敬業李孝逸帥師南討破之　是年曲赦揚楚二州

長安元年七月楚州地震五行志作大足元年

永徽六年楚州大疫新書五行志

上元二年楚州刺史崔侁獻定國寶玉十三枚云楚州寺尼眞如者恍惚上升見天帝帝授以十三寶曰中國有災

宜以第二寶鎮之詔曰上天降寶獻自楚州因以體元叶平五紀其元年宜改爲寶應舊唐書肅宗紀

大歷三年叛將平盧司馬許杲至楚州大掠節度使韋元甫命和州刺史張萬福進討之未至淮陰杲爲其將康自勸所逐自勸擁兵繼掠循淮而東萬福倍道追而殺之舊唐書張萬福傳　是年射陽洪澤諸湖俱立屯官後以所收歲減並廢

興元元年詔宋亳淄青澤潞河東恒冀幽易定魏博等八節度螟蝗爲害蒸民饑饉每節度賜米五萬石河陽東畿各賜三萬石所司船運於楚州分付舊唐書德宗紀

貞元七年揚楚等州旱新書五行志

李聽字正思西平王晟子帝討李師道聽為楚州刺史淮南兵驍弱鄆人素輕易之聽曰整勒士皆奮掩賊不虞趨漣水破沭陽絕龍且堰取海州攻朐山降之懷仁東海望風送款新書李聽傳舊書略同

太和七年秋揚楚等州大水害秋稼

咸通九年冬龐勛據徐州分遣賊帥攻剽淮南諸郡縣滁和楚壽繼陷舊書令狐綯傳

光啟三年高駢死淮南亂楚州刺史劉瓚來奔朱全忠欲攻徐州乃遣朱珍將兵數千聲言送瓚還楚州時溥出兵

以拒珍與戰大敗之

景福元年三月徐州時溥遣兵三萬侵楚州四月楊行密將張訓李德誠敗徐兵於壽河俘斬三千級遂取楚州執其刺史劉瓚十國春秋

乾寧四年九月朱全忠遣龐師古以兵七萬壁清口將趨揚州葛從周壁安豐將趨壽州全忠自將屯宿州境內震恐冬十月行密與朱瑾收兵三萬拒汴兵於楚州別將張訓自漣水引兵會以為前鋒師古營於清口或言營地汙下不可處師古不聽瑾壅淮上流欲灌之有奔告師古者師古方與客對奕以為惑眾斬之十一月癸酉瑾與裨將

侯瓚將五千騎潛渡淮水用沭人旗幟自北來趨其中軍張訓踰柵入士卒倉皇距戰淮水大至沭軍駭亂行密自引大軍濟淮夾攻之斬師古及將士萬餘級餘衆悉潰從周全忠亦奔還自是保據江淮沭人不能爭舊志載此事系之景福四年下按景福乃無四年今正之

何敬洙給事楚州刺史李簡左右簡性殘忍僕廝小過率寘之死敬洙一日與其伍手搏階下有持簡所寶硯過者戲曰誰敢破此敬洙曰死生有命一擲碎之翌日簡聞硯毀命劊之簡妻素奇敬洙匿之堂奧旬日簡謂已逃寘不問會有鳥逐簡而譟避之櫪隨至怒曰恨敬洙不在此語

未畢徽洙挾彈拜於前一發斃之儕喜不復治有詭紹顏者善相術相儕諸子曰無及公者獨指徽洙曰此奇相也殆過公山是拔爲軍校十國春秋何敬洙傳敬洙繼儕爲刺史見仕蹟

南唐李璟命內臣車延規傅宏營屯田於楚州處事苛細人不堪命致盜賊羣起命徐鉉乘傳巡撫至楚州奏罷屯田見宋史徐鉉傳

周顯德四年當南唐保大十五年冬世宗征南唐十二月屯於楚州之北門五年南唐交泰元年正月周師攻楚州守將張彥卿鄭昭業城守甚堅攻四十日不可破世宗親督兵以洞屋穴城而焚之城壞彥卿昭業戰死周兵怒甚殺戮殆盡

周造齊雲船數百艘世宗至楚州北神堰齊雲舟大不能
過欲鑿楚州西北灌水以通其道遣使行視言其不便自
往視之授以規制發夫浚治旬日而成數百巨艦皆達於
江郡國利病書引圖經云北神堰在楚州城北五里吳王
夫差欲通江淮於此立堰者以淮水底低漕水底高防
其渡也舟行渡堰入淮今號為平水堰灌水今在楚州城
西老鸛河是也嘉定志云太守應純之自管家湖與老鸛
河相接處為斗門水閘一座按其
地當是故沙河俗云烏沙河也
世宗征淮南李景以陳承昭為濠泗楚海水陸都應援使
世宗既拔泗州引兵東下命宋太祖領甲士數千為先鋒
過承昭於淮上擊敗之追至山陽北太祖親擒承昭以獻
世宗釋之見宋史陳承昭傳
宋太祖紀略同

世宗攻楚州王審琦爲南面巡檢城將陷審琦意淮人必遁設伏待之少頃城中兵鑿南門而遺伏兵果擊之斬數千級繫五千餘人獻之行在見宋史王審琦傳

世宗南征以韓令坤知揚州事與南唐將陸孟俊兵戰大敗之禽孟俊敗其將馬貴於楚州見宋史韓令坤傳

馬仁瑀從世宗征淮南至楚州攻水砦砦中建飛樓高百尺餘世宗觀之相去殆二百步樓上望卒厲聲嫚罵世宗怒甚命左右射之遼莫能及仁瑀引滿應弦而顚見宋史馬仁瑀傳

劉保勳河南人廣順初歷掌鄆宋楚三州鹽麴商稅見宋史劉

保勳傳

宋楚州北山陽灣尤迅急多有沈溺之患雍熙中轉運使劉蟠議開沙河以避淮水之險未克而受代太平興國中喬維岳繼之開沙河自楚州至淮陰凡六十里舟行便之河渠志

劉承規山陽人宋史有傳舊志列仕績按承規宦者不當列人物

天禧四年淮南勸農使王貫之導海州石𥔲水入漣水軍溉民田本紀

治平元年宋亳陳許汝蔡唐潁曹濮濟單豪泗廬壽楚杭宣洪鄂施渝州光化高郵軍大水遣使行視疏治振恤蠲

其租賦英宗紀

淮東轉運副使蔣之奇以歲惡民流募人使修水利以食流者活民八萬餘漑田九千頃元豐六年又請鑿龜山左肘至洪澤為新河以避淮險自是無覆溺之患嘗薦孝子徐積每行部必造之宋史本傳

熙寧七年十月濬眞楚運河河渠志

九年正月劉瑾言揚州江都縣古鹽河高郵縣陳公塘等湖天長縣白馬塘沛塘楚州寶應縣泥港射陽港山陽縣渡塘溝龍興浦淮陰縣青州澗宿州虹縣萬安湖小河壽州安豐縣芍陂等可興置欲令逐路轉運司選官覆按從

之同上

元豐八年六月庚午賜楚州孝子徐積米絹

元祐元年河北楚海諸州水同上

元祐間蘇軾在淮時方初冬有漁舟泊於龍興寺東橋側更闌夜靜漁人尚未寢聞橋上兩人坐談一曰爾明日何往一曰往羅浮兩日便回回曰作一戲法與爾看漁人心甚疑之兩日後早起往候時天宇晴霽至日午忽雷電交作煙霧濃靄晦不見人時廟前貿易之人頭髮蓬起或男子髮結婦人髮或老人髮結孩穉髮百貨狼籍委地軾目擊其事因作十月十六日在楚州記所見詩

元符元年三月工部言淮南開修楚州支家河導漣水與淮通賜名通漣河河渠志

張大寧字嘉父山陽人登元豐八年第治春秋學與蘇軾友善建中靖國初軾還自南海首以書與錢濟明問嘉父今安在想學益不止已除春秋博士矣政和中爲司勳郎張耒作南山賦贈之見施元之注蘇詩又東坡詩題過泗上喜見張嘉父注云嘉父居泗州南山蓋山陽人而僑居泗州者山陽志遺辨之甚晰

重和元年二月前發運副使柳庭俊言眞揚楚泗高郵運河隄岸舊有斗門水牐等七十九座限制水勢常得其平比多損藏詔檢計修復河渠志

宣和二年陳瓘謫官安置山陽王明清云宣和庚子蔡元長嵩國外祖曾李青守山陽時方臘據二浙甚熾初元長怨陳瑩中以嘗上書詆文肅謫居彼欲令外祖甘心焉既至外祖極力照瞩之適瑩中告病外祖即令醫者朝夕診視其疾之進退與所供藥餌申官已而不起亦令作佛事僧眾下至凶肆之徒悉入狀用印系核像吏以為何至是日數日後當知之已而朝廷遣淮南轉運使陸長民體究云盜賊大作未審陳瓘之死虛實外祖即以核牘繳奏以聞人始服其先見

三年二月淮南盜宋江等犯淮揚軍遣將討捕又犯京東江北入楚海州界命知州張叔夜招降之

建炎元年十一月丙申曲赦應天府亳宿揚泗楚州高郵軍高宗紀

二年濮安懿王孫士從招潰卒寘屯奏假江淮制寘使賊

李在犯楚州士從遣部將乘虛掩襲狃於小勝軍無紀律
敗績宗室傳　杜充決黃河自泗入淮以阻金兵　御營平
寇左將軍韓世忠軍潰於沭陽其將張遇死之世忠奔鹽
城
三年二月金人犯楚州守臣朱琳降　輔逵掠漣水軍殺
軍使郝琳　金人圍徐州知州王復死之贈資政殿學士
謚壯節立廟楚州號忠烈王復傳　洪皓爲大金通問使時
淮南盜賊蹱起李成亦就招即命知泗州以羈縻之復命
皓兼淮南京東等路撫諭使俾成以所部衛皓至南京比
過淮南成方與耿堅共圖楚州責權州事賈敦詩以降敵

成實持叛心皓聞堅起義兵可撼以義遣人密諭之曰君數千里赴國家急山陽縱有罪當稟命於朝今擅攻圍名勤王實作賊爾堅意動遂强成斂兵 洪皓傳 金人攻楚州急岳飛屯三墪為楚援尋抵承州三戰三捷光世等皆不敢前飛師孤力寡楚遂陷 互見趙鼎岳飛傳 十月秦檜自楚州金將撻懶軍中歸於漣水軍

四年金人攻楚州守臣趙立拒之 以趙立為鎮撫使鎮撫楚泗州漣水軍 金人攻楚州趙立死之 詔劉光世救楚州 金人陷楚州鎮撫使李彥先求救兵敗死之

紹興元年二月祝友降劉光世分其軍以友知楚州 高宗紀

夏四月劉光世復楚州按四月光世始復楚州二月友安得知楚州邪正退遁領虛號耳

十月知承州王林禽張琪於楚州檻送行在同上

二年五月楚州旱五行志九月遣潘致堯等爲金國軍前通問使十月甲辰致堯至楚州通判州事劉晏劫其禮幣奔劉豫守臣柴春戰死高宗紀海州賊王山犯漣水軍總領蘇復統制劉靖會兵敗之

四年九月金齊合兵自淮揚分道來犯壬申渡淮楚州守臣樊敘棄城遁焚決淮東堰閘

五年春正月承州水砦統領仲諒復入楚州夏秋鎮江府常秀州江陰軍大旱盧和濠楚州爲甚五行志僞齊寇

漣水軍韓世忠遣統制呼延通等逆擊敗之本紀　韓蘄王督兵淮楚領背嵬軍獵於郊道逢虎羣出下令打圍甲士環合各以神臂克敵弓射之凡斃三十餘其一最雄鷙目光如鏡毛茸皆紫色銳頭豐下爪距異常羽鏃不能入跳勃哮吼眾辟易大將呼延通奮怒馳馬出擊誓必死之伺其張口發大羽箭正中舌上虎雷吼山立宛轉而死命從騎四輩舁歸剝皮為鞍韉一軍壯其勇夷堅志

六年二月授韓世忠武寧安化軍節度使京東淮東路宣撫處寘使寘司楚州世忠披草萊立軍府撫集流散通商惠工山陽遂為重鎮劉豫兵數入寇輒為世忠所敗時張

浚以右相視師命世忠自承楚圖淮揚劉豫方聚兵淮揚世忠即引軍渡淮旁符離而北乘銳掩擊金人敗去尋詔班師復歸楚州淮揚之民從而歸者以萬計三月除京東淮東宣撫處置使兼節制鎮江府仍楚州置司九月帝在平江世忠自楚州來朝七年徙屯鎮江已復留屯楚州凡世忠在楚十餘年兵僅三萬而金人不敢犯世忠在楚時世忠夫人梁氏親織簿為屋將士有怯戰者世忠遺以巾幗設樂大宴俾婦人妝以恥之故人人奮厲及秦檜欲收三大將權拜世忠為樞密使世忠遂以所積軍儲錢百萬貫米九十萬石酒庫十五歸之於朝

金齊犯漣水軍世忠擊敗之

七年命韓世忠留屯楚州屏蔽江淮

九年春金使蕭哲等至淮安議和並歸河南陝西地於金韓世忠發憤上書舉兵決戰既而伏兵洪澤鎮將殺金使不克

十年韓世忠遣統制王勝王權攻海州克之執其守將王山 金人救海州王權等逆戰敗之復懐仁縣

十一年五月詔岳飛同張俊往楚州措置邊防總韓世忠軍還駐鎮江十月丙寅朔金人陷泗州遂陷楚州 和議成以淮水中流爲界

十二年韋太后自金歸四月次燕山自東平州舟行由淸河至楚州 后妃傳

十四年楚州鹽城縣海水清

二十六年五月丙辰蠲楚州盱眙軍民租高宗紀

二十七年築通泰楚三州捍海堰

二十八年十二月戊申蠲楚州歸附民賦役五年同上

金安節充送伴使至楚州金副使耶律翼欲巡檢王松馬不得鞭笞之安節遣人責翼朝廷恐生事坐例兩秩金安節傳

三十一年金主亮求淮漢地及指取將相近臣計事九月辛卯金國趣使臣書至楚州守臣以聞　劉錡引兵次淮陰金人將自清口入淮錡列兵於運河岸以扼之　劉錡遣統制王剛等敗金人於清河口金人復來戰剛失利

劉錡自淮陰引兵歸揚州　淮東統制王選復楚州鄂州
統制楊欽以舟師追敗金人於洪澤鎮
三十二年春金人攻海州急以張子蓋爲鎮江府都統往
援之即日渡江馳至楚州淮東漕臣龔濤謂之曰敵衆十
倍兵力不支宜張虛聲攻淮揚使之必救則海州可解子
蓋曰彼若不救將如之何乃亟趨漣水便道以進次石湫
堰率精銳數千騎擊之金人大敗張俊傳
滿浦壩在城西北四里有閘魏勝守楚州時由此調運兵
糧郡國利病書引嘉定志又河渠志向子諲嘗改閘爲輭壩
孝宗初以陳敏戍高郵兼知軍事與金人戰射陽湖敗之

焚其舟陳敏傳

隆興二年十月辛巳金人分道渡淮劉寶棄楚州遁 知楚州魏勝與金人戰死之州遂陷 和議成所失州來歸

乾道元年興屯田楊存中獻私田在楚州者三萬九千畝楊存中傳 淮北紅巾賊踰淮劫掠知楚州胡明遣巡尉擊殺其首蕭榮

三年詔鎮江都統制戚方武鋒軍都統制陳敏各上淸河口戰守之策 遣知無爲軍徐子寅措置楚州官田招集歸正忠義人以耕 楚州參軍李孟傳修復陳公塘有灌溉之利本傳

五年楚州盱眙軍饑五行志　命兵馬鈐轄羊滋措置沿淮海盜賊

六年陳敏築楚州城陳敏傳

七年梁克家請築楚州城環舟師於外邊賴以安梁克家傳

山陽舊屯軍八千雷世方乞止差鎮江一軍五千周必大曰山陽控扼清河口若今減而後增必致敵疑揚州武鋒軍本屯山陽者不若歲撥三千與鎮江五千同戍周必大傳

淳熙三年楚州界飛蝗蔽天聲如雷適時大雨皆死禾稼不害五行志

五年八月淮東通泰楚高郵盱眙鼠食苗既歲大饑五行志

知楚州糴收過淮生事奪官

六年衡永楚州高郵軍旱同上冬通泰楚州高郵軍大饑人食草木同上

十五年五月淮甸大雨水淮水溢廬濠楚州無爲安豐高郵盱眙軍皆漂廬舍田稼同上

邵國謝谿人教授潭州朱子帥湖南日薦其學行晚年由楚州倅奉祠家居

十六年十月壬寅蠲楚州高郵盱眙軍民負常平米一萬四千餘石光宗紀

紹熙元年五月丙寅修楚州城光宗紀

二年增楚州吏戍千五百人

五年八月楚和州蝗五行志

慶元元年楚州饑人食糟粕十二月癸亥賞楚州弩手効用軍寧宗紀

六年建康府常潤揚楚通泰和七州江陰軍旱振之同上

嘉泰二年廣安淮安軍大亡麥五行志

開禧元年淮東郡國水楚州盱眙軍爲甚圮民廬害稼

五月鎭江都統戚拱遣忠義人朱裕結弓手李全焚漣水縣

二年九月金人自淸河口渡淮守將郭超失利圍楚州

是年冬金人以騎步數萬戰船五百餘艘渡淮泊楚州淮陰開宣撫司檄畢再遇援楚除鎮江副都統制金兵七萬在城下以三千人守淮陰糧又載糧三千艘泊大清河再遇諜知之曰敵衆十倍難以力勝可計破也乃遣統領許俊間道趨淮陰銜枚舉火敵驚擾弃寨生禽烏古倫師勒蒲察元奴等二十三人畢再遇傳按舊志載開禧二年金胡沙虎自清河口渡淮圍楚州即此一事以此傳較詳故舍彼録此

三年金人圍楚州列屯六十餘里再遇遣將分道撓擊軍聲大振楚圍解同上二月辛未蠲兩淮被兵諸州今年租賦寧宗紀三月丙子朔蠲兩淮被兵州郡役錢同上是年淮楚水

民多溺死

嘉定三年二月庚午詔楚州武鋒軍歲給緡錢如大軍例寧宗紀三月甲寅誅楚州梟賊胡海十一月癸巳賞楚州平賊功上同

十年四月楚州蝗五行志

十一年楚州鈐轄梁昭祖焚金人糧舟於大清河本紀

十三年盱眙將石珪叛入漣水軍詔以珪爲漣水忠義軍統轄 石珪叛

十四年李全自楚州援淮西

十六年五月江浙淮荆蜀郡縣水平江府湖常秀池鄂楚

太平州廣德軍爲甚漂民廬舍稼圮城郭隄防溺死者甚衆同上

金人犯光州淮人季先沈鐸說楚州守應純之以招山東人純之令鐸遣周用和說楊友劉全李全等以其衆至先招石珪葛平楊德廣通號忠義軍珪等反鐃鐸於漣水純之罷通判梁丙行守事欲省其糧使自潰珪德廣等以漣水諸軍渡淮屯南渡門焚掠幾盡謂朝廷欲和殘金寳我何地丙遣李全季先拒之不止事甚危乃授賈涉淮東提點刑獄並楚州節制本路京東忠義人兵涉急遣傅翼諭珪等逆順禍福自以輕車抵山陽德廣等郊迎伏地請死

誓以自新賈涉傳又見李全傳

李全者北海農家子能運鐵槍人號爲李鐵槍與兄福聚衆數千抄掠山東楊安兒妹四娘子狡悍善騎射安兒兵敗死餘黨奉之曰姑姑掠食至磨旗山李全以其衆附之因與私通遂以爲夫出没島嶼寶貨山積而不得食嘉定十年聞楚州給山東歸正人忠義糧遂率衆來歸累以戰功授節度使益驕悍有輕諸將心南遊金山作佛事以薦國殤知鎭江府喬行簡方舟迎全大合樂以享之歸語其徒曰江南佳麗無比須與若等一到始造船艦謀舟楫之利初淮西都統許國欲傾淮東制置使賈涉而代之數

言李全必反及賈涉卒會召許國入對國疏全姦謀益深反狀已著非有豪傑不能消弭遂易國文階爲淮東安撫制置使兼知楚州命下聞者驚愕淮東參幕徐晞稷雅意建閫及聞國用乃注釋國疏以寄全全不樂許國至鎮時全方在青州全妻楊氏郊迓國辭不見楊慙而歸國旣視事痛抑北軍犒賞十損八九全致書於國國誇於衆曰全仰我養育我略示威卽奔走不暇矣全告將校曰我不參制閫則曲在我今不計生死必往遂還楚州上謁賓贊戒全曰節使當庭參制帥必免禮及庭趨國端坐納全拜不爲止全退怒曰全歸本朝拜人多矣但恨汝非文臣本與

我等汝向以淮西都統謁賈制帥亦免汝拜汝有何勛業一旦位我上更不相假借邪國繼設盛筵宴全全終不樂既而全欲往青州恐國苛留自計曰彼所爭者拜耳拜而得志吾何靳焉更折節爲禮動息必請得請必拜國大喜語家人曰吾折服此虜矣全往青州國集兩淮馬步軍十三萬大閱楚城外以挫北人之心楊氏及軍校留者懼其謀已內自爲備全至青州使劉慶福還楚州爲亂計議官苟夢玉知之以告國國曰但使反反即殺我我豈文儒不知兵者邪夢玉懼復告慶福曰制使欲圖汝寶慶元年二月國晨起視事忽露刃充庭國厲聲曰不得無禮矢已及

額流血被面而走亂兵悉害其家大縱火焚官寺兩司舊積蠻爲賊有親兵數十人與國登樓縋城走賊擁通判姚翀入城偏兩軍使歸營明日國縊於滋事聞史彌遠慮激他變以徐晞稷嘗倅楚守海得全歡心乃授晞稷制置使令屈意撫全全聞國死自青還楚上表待罪朝廷不問晞稷至楚全及門下馬謁晞稷於庭晞稷降等止之賊衆乃悅晞稷以恩府稱全恩堂稱楊氏全復至青州爲蒙古所圍宋人聞之稍欲圖全以晞稷畏懦使劉琸代之琸至楚州心知不能制賊惟以鎮江兵三萬自隨盱眙忠義夏全請從琸素畏其狡不許知盱眙彭托曰琸止夏全是欲貽

惡吁眙璮猶懼夏全我何能爲用乃檄全曰楚城賊黨不滿三千健將又在山東劉制使圖之收功在旦夕太尉爲不往赴事會夏全忻然帥兵徑入楚城時青亦自淮陰入屯城內璮駭懼復就二人謀時傳李全已死璮令夏全盛陳兵楚城李全之黨震恐楊氏使人行成於夏全曰將軍非山東歸附邪兎死狐悲李氏滅夏氏寧獨存願將軍垂盼全諾楊氏盛飾出迎與按行營壘曰人傳三哥死吾一婦人安能自立便當事太尉爲夫子女玉帛干戈倉廩惟太尉有望即領此誠無多言夏心動乃置酒歡甚飲酣就寢如歸轉仇爲好反與楊氏謀逐璮遂圍楚州治焚官民

舍殺守藏吏取貨物時琸精兵尚萬人窘束不能發一、命
夜半縋城僅以身免鎮江軍與賊戰死者大半將校多死
夏全既逐琸暮歸李全營楊氏拒不納全恐楊氏圖已大
掠楚盱眙朝廷以姚翀為淮東制置使翀至楚城東艤舟
以治事閉入城見楊氏用徐晞稷故事而禮過之楊氏許
翀入城翀乃入寄治僧寺中極意娛之李全在青州被圍
一年降於蒙古劉慶福在山陽自知已為亂階欲圖李福
以贖罪福知之亦謀殺慶福一日福偽稱疾不出旬餘慶
福往候之福乃躍起拔刀刺慶福慶福走左右殺之福以
慶福首納於姚翀翀大喜幕友杜耒曰慶福首既一世姦

雄今頭乃落措大手邪時楚州自夏全亂後儲積無餘餉運不繼賊黨藉藉謂福所致福畏衆口數見翀促之翀答以朝廷撥降未下福乘衆怒與全妻楊氏謀召翀飲翀至而楊不出就坐賓次左右藏去福以翀命召諸幕客以楊氏命召翀二妾諸幕客知有變不得已而往杜耒至八字橋福兵腰斬之翀去鬚髪縋城夜走朝廷以淮亂相仍不復建閫就以其帥楊紹雲兼制置使改楚州爲淮安軍命通判張國明權守視之若羈縻州然全黨以錢糧不繼屢有怨言全將國安用閻通及張林邢德王義深五人私相謂曰朝廷不降錢糧爲有反者未除耳乃共議殺李福及

全妻楊氏以獻遂帥衆趨楊氏家稱走出邢德手刃之相屬數百人有郭統制者殺全次子及全妾劉氏函其首獻於楊紹雲紹雲馳送臨安朝廷大喜詔彭忙及時青往楚州盡殺李全餘黨青恐既及衛遣人報全於青州全得報痛哭告蒙古大將乞南還不許斷一指示之誓還南必叛楊紹雲聞其至留揚州不還王義深奔金國安川殺張林邢德以贖郭統制亦爲全所殺全自還楚厚募人爲兵大造舟船自淮及海口相望時時試舟射陽湖及海岸遣軍士潛入京師皇城縱火焚御前軍器庫先朝兵仗盡喪分兵攻通泰襲鹽城朝廷授以節鉞不受造舟益急至伐塚

櫑板煉鐵錢爲釘爇以脂擣油灰招沿海亡命爲水手邀朝廷求增五千人錢糧求背書鐵券朝廷猶遣餉不絕他軍士見者曰朝廷惟恐賊不飽我曹何力殺賊射陽湖人至有養北賊戕淮民之語聞者太息又造浮橋於喻口以便鹽城往來紹定三年十二月全入泰州悉衆攻揚州趙范趙葵擊敗之明年正月復大敗之全趨新塘陷淖中不能自拔制勇軍追及奮長槍亂刺之碎其屍并殺其將校三十餘人五月趙范趙葵復楚州殺賊萬計焚二千餘家城中哭聲震天未幾五城盡破（五城不知所指）斬首數千燒砦柵萬餘家淮北賊歸赴援舟師又勦擊之焚其水柵夾五城

餘址全子才等移砦西門與賊大戰又破之楊氏曰二十餘年梨花槍天下無敵手今事勢已去撐拄不行遂絕淮而去淮安遂平（李全傳舊志載此頗嫌脫略原傳又甚穢褻今從山陽志遺截錄）

寶慶元年二月丙辰楚州火（理宗紀按此即李全所縱火也）李全使人說時青附己青移屯淮陰尋移屯楚州城內

紹定元年以平楚州叛寇劉慶福功進趙善湘龍圖閣待制四年轉江淮安撫制置使五年復泰州淮安州鹽城淮陰縣四城及策應京湖功進端明殿學士（趙善湘傳）監楚州大軍倉富起宗軍變死難文林郎張煥同時被害

丁從龍泰寧人紹定間率鄉兵擊賊有功授忠義郎領兵

淮安攻破土城克復其地授忠翊郎

淳祐七年詔淮安主簿周子鎔遭李全之亂陷北十餘年數遺蠟書諜報邊事今遂生還優與升擢

十年李庭芝築清河城以圖來上詔進一秩

景定元年六月丁酉朔夏貴奏淮安戰功理宗紀九月戊子李松壽犯淮安同上按松壽李全子後改名璮李松壽修南城詔淮閫調兵毀之　破李松壽兵於漣水城下夷南城舊址

三年李璮以漣海三城來歸詔改漣水爲安東州

咸淳九年得劉甃獻元書稿取江南二策有清口桃園河淮要衝宜先城其地以圖進取亟詔淮東制司往清口擇

利城栾以備之

德祐元年知安東州陳巖夜遁　知安東州孫嗣武降元

淮安總制李宗榮將兵勤王

張崗楚州東漸人家巨富好施予務濟民貧不責人之報年方壯遭亂流離骨肉散落獨與一僕羈棲於射陽湖中乞食以活爲盜所掠求貨不得縛於大木之下將生啖之已割股數臠僕竄旣脫矣見之慟哭而出舉身遮護而拜賊曰此是我使主雖本富家今赤身逃難尙無飯吃豈得更挾財貨如欲飽其肉則又瘠瘦願脂我以代之賊雖暗殺人亦爲義所激聞言嗟異亟解崗縛並僕釋去且遺以

錢帛綿與中淮上安定高歸理故業貨財倘盈百萬僕亦存高以弟待之張氏子弟皆事之如諸父按高固長者僕尤義士本當入人物以時尚無阜寧縣姑志於此

史與鄭伯膺監楚州鹽場曹局與海絕近常覩龍掛或爲黃金色或青白赤黑蜿蜒天矯隨雲升降但不覩其頭再土人云最畏龍窩每出必有深大爲鹽鹵之害一旦忽見之乃平地竇出一竅傍穿深竅蓋龍出入之處也場衆往視無復蹤跡滿穴皆蠔蠣螺蚌或於蚌內作觀音像姿相端嚴珠琲纓絡楊枝淨瓶無不備具又於螄蜷內一鬼毛髮森立怪惡可怖如是者非一鄭取數物藏之今爲淨梁

令開以示客

問人堯民伯封嘉興人也淳熙六年赴楚州錄曹母春秋高不肯去鄉里屬其弟舜民侍養而獨之官經三月積俸錢百千買楮券遣僕持歸遺母未及行爲盜竊去極以憂窘常事北斗即炷香拜祝言母年老以貧迎養僅得此金稍供甘旨願指示其人使速敗於是發卒繫捕出城見一男子持傘在漕廳亭見古蹟狀若張皇窘之果盜也縛送太守暹敢無逃詰之曰方上路見一人隨後長髮被身稍前添成七人當道遮攔不容行一步故坐而待禽械獄正罪

楚民張生居淮陰磨盤灣家頗贍足紹興辛巳北騎南下

淮人來奔京口張生病足不能行漂住揚州海陵至張妻卓爲夷酋所掠卓曰我夫在城中藏銀五錠同往取之酋喜偕詣張處逼奪之張戟手恨罵酋益喜凡是行虜獲金珠盡委之相與如夫婦俄海陵死軍回卓歸飲酋酒醉臥拔刀刺其喉囊物鞭馬復歸張磨盤在縣北據淮泗之衝形如磨之圓轉因是得名漢韓信故墟也代生英豪雖婦人女子如此徐仲車集載淮陰一婦之夫隕命盜手婦非知其後盜聘爲室生二子因乘舟過夫死處盜以相從久又有子必不恨我矣而告之婦勃然走投保五禽盜赴官語人曰良人爲盜所殺又失身爲盜妻其何以謝我良人

兩雛皆賊種不可留人世俱擲洪波盜伏辜亦自沈而死此二女志義相望於百年間

楊立之自廣州府通判歸楚州喉間生癰既腫潰而膿血流注曉夜不止寢食俱廢醫者爲之束手適楊吉老來赴郡守招立之兩子走往邀之至熟視良久曰不須看脈已得之矣此疾甚異須先啗生薑片一斤乃可投藥否則無法也語畢即去子有難色謂喉中潰膿痛楚豈宜食薑立之曰吉老醫術通神其言必不妄試以一二片啗我如不能進屏去無害遂食之初時殊爲甘香稍復加益至半斤許痛處漸已消一斤始覺味辛辣膿血頓盡粥餌入口無

滯礙明日招吉老謝而問之對曰君官南方必多食鷓鴣此禽好食半夏久而毒發故以生薑制之今病源已清無用服他藥也予記唐小說載魏公暴亡醫梁新診之曰中毒僕曰常好食竹雞梁曰竹雞多食半夏苗蓋其毒也命搌生薑汁折齒而灌之遂復活與此相類

于允升山陽人居郡南鵝河之側乾道五年從徐子寅爲屯田總轄官屯於二十里外畢溝東寨有惡子傅乙流落淮浙歷訐允升之過允升械之九年傅詣屯莊修謁允升待之厚飲以未熟之酒啖以半生之麵洞泄連日納諸松棺俾致西寨三叉口瘞之米從龍都轄知其事未暇治舉

自是允升嘗見傳在前歡語如平日志所欲成必陰爲啟導允升私喜得鬼神之助明年春從龍坐事去允升恍惚若有人告以嘉謀功名可立致遂糾徒侶渡淮攻猶預掠臨淮王家金珠趙守投遂隙遣劉光遠以閤門祗候說誘之允升猶持疑夢中聞人言云歸必大貴乃南還詔斬於盱眙臨刑猶見傳守左右

蔣萬猶預人徙楚州紹興辛巳胡虜不靖率鄉人子弟立忠義軍自稱統領與魏勝不合往淮北久之南歸因獲反者蕭榮補閤門祗候充沿淮都巡檢卒於官妻子今猶居山陽之高師以上夷堅志年分多無可考采錄於此其秩官地名事實可備參核其純語鬼怪者不錄

羅森者淮安醫生也淮帥李錡有子患背瘡郡醫畏帥之暴不敢治召森治之許以千金爲酬森爲之內外敷治神氣頓爽其子素好色一夕與侍婢狎瘡復黑陷數日而死帥性嗜殺痛悼其子竟榜笞殺森森子曰俞痛父死於非命懷利刃欲往刺帥帥出入侍衛甚嚴計不能得乃盡棄其田園知帥爲開封人遂潛至開封聞帥父好方術覓長生不死之藥曰俞聚習父方更往嵩山道士學驅遣鬼神之術吐納導引之方賃居帥父之旁賣藥治病符水禁邪出入變幻不測帥父聞之果召曰俞曰俞年方三十許大言已百歲帥父喜奉千金爲壽跪而請爲弟子曰俞佯不

許固請乃可御其金遂令帥父入山覓靜室遣僮僕戒七日來一僕夜半以鴆酒進曰服此七七日仙丹妙寶隨意自得金仙下降可開導玄功帥父叩頭跪受而飲須臾氣絕曰俞斷其首題壁而去七日家僮至見之馳報帥帥伏地號哭亦自殺見山陽志遺

鄭桂山陽人貢士知縉雲縣多惠政歿而縉雲人為立留恩祠每歲時祭祀甚著靈異

王孝忠為鎮江前軍統制戍淮陰楊貴叛水軍統制朱信降賊孝忠死焉本傳

呂升字德升淮安人事父至孝母歿父年且百歲升遂不

入私室與父同寢處每飯供饍肉務極糜爛出入跬步必隨父便溺不時升夜常四五起遭元兵亂負父避鸕鵝山出覘賊爲所獲知其孝子也善視之與飲食輒泣下不入口賊亦憐之令升歌升爲青天歌浩浩歌歌已輒泣夜令挈刀斗升爲思父歌賊感動縱之歸升夜行晝伏凡三晝夜還家相視大哭出其足棘刺一握升閭有美杏父所嗜也鄉豪竊之並奪其地升爲文訴諸神豪忽疽發於背夢神謂之曰還孝子地乃已豪妻子匍匐叩門還其地疽乃愈見山陽志遺

金大定四年（當宋隆興二年）徒單克寧出軍楚泗之間與宋將魏

勝相距於楚州之十八里口勝以兵四萬屯淮陰南岸運河之間克寧使斜卯和尚進至淮口宋兵來拒矢石俱發斜卯和尚以竹編籬捍矢石師遂入淮與宋兵奪渡口敗其津口兵五百人餘衆皆濟宋兵四百餘自清口來克寧與扎也銀朮可禦之自旦至午宋兵敗踰運河爲陳克寧以猛安賽剌九十騎橫擊之宋兵大敗追至楚州射殺魏勝遂取楚州及淮陰縣徒單克寧傳

宗道承安中當宋慶元中爲河南路統軍使泗州民張偉獲宋人王萬言爲偵探宗道疑其冤廉問得實萬楚州賈人偉負萬貨五千餘貫三年不償萬索貨爲偉所誣乃坐偉而

歸萬時人服其明宗道傳

泰和六年當宋開禧二年伐宋紇石烈執中即胡沙虎率兵二萬出清口克淮陰遂圍楚州紇石烈執中傳

正大三年當宋寶慶二年夏全自楚州來歸楚州王義深張惠范成進以城降封四人爲郡王改楚州爲平淮府哀宗紀

四年李全據楚州以淮南王招全不至八年當宋紹定四年楊妙眞以夫李全死於宋構浮橋於楚州之北就元舊作北帥今改作元與金爲嫌乞師朝廷覘知之謂元軍渡淮與河南趾步遣合達蒲阿駐軍桃源界溦河口備之二相屢以兵少爲言而省院難之上遣白華傳諭二相不悅蒲阿遣小船令華順河

而下必到八里莊城門爲期且曰此中望八里莊如在雲閒天上省院端坐徒事口吻今樞判親來可以相視可否歸而奏之華辭不獲遂登舟及淮與河合流處纔與八里莊城門相値城守者以大船五十泝流而上占其上流以截歸路幾不得還昏黑得徑先歸乃悟兩省怒朝廷不益軍皆華贊主之故擠之險地耳是夜八里莊次將遣人送款云早間主將出城截路某等議主將還即閉門不納渠已奔楚州乞發軍接應二相即發兵船赴約明旦入城又知楚州大軍已還宋將燒浮橋二相附華入奏上大喜初合達謀取宋淮陰五月渡淮淮陰主者胡路鈐往楚州提

正官郭恩送款於金胡還不納合達遂入淮陰詔改歸州以行省烏古論葉里哥守之郭恩爲元帥右都監白華傳哀宗紀略同惟紀改入里莊爲鎮淮府傳改淮陰爲歸州亙有出入未詳其故

淮安府志卷四十

雜記

元太祖二十二年（當宋寶慶二年）宋將李全陷益都執元帥張琳送楚州全尋降以爲山東淮南行省（木華黎傳）

至元十年（當宋咸淳九年）博羅歡伐宋軍下邳召將佐曰清河城小而固與招信淮安泗州爲犄角未易拔海州東海石湫遠在數百里外不嚴備倍道襲之其將可禽也師至三城果下清河亦降進軍拔淮安南堡戰白馬湖（博羅歡傳）

十一年丞相伯顏伐宋調淮東都元帥孛魯歡副元帥阿里伯以所部瀕淮而進九月戊寅會師淮安城下射書城

中諭守將使降不聽庚辰招討別里迷失拒北門西門伯顏與李曾歡臨南城堡揮諸將長驅而登拔之潰兵欲奔大城追襲至城門斬首數百級遂平南堡伯顏傳怯怯里從丞相伯顏渡淮率千騎攻淮安南門破之怯怯里傳伯顏以宋兵力多聚兩淮命右指揮使禿滿歹率輕銳二萬攻淮安以牽制之洪君祥以蒙古漢軍都鎮撫從行攻清河從克淮安洪君祥傳賀祉從攻高郵寶應戰淮安城下尸眞濠中加宣武將軍鎮新城絕淮安寶應糧道降之賀祉傳劉通領兵巡邏泗州至淮河九里灣遇宋軍奪其船十二年與宋安撫朱煥戰於清河敗之九月攻淮安有功劉通傳按此皆一時事諸傳皆

作十一年克淮安通傳獨作十二年攻淮安誤也

十二年四月立漣州新城清河三驛九月賞清河新城戰士及死事者銀十兩鈔百錠世祖紀

十七年漣海等州蝗本紀

十九年清河縣飛蝗蔽天自西北來凡經七日禾稼俱盡本紀

二十年罷淮安等處淘金惟計戶取金同上

二十二年江浙左丞鄭温以新附漢軍萬五千於淮安雲山泉塘立屯田鄭温傳

二十六年省江淮屯田打捕提舉司七所存者徐邳海揚

州兩淮淮安高郵招信安豐鎮巢蘄黃魚網石湫十三所世祖紀

至元中黃河決泰不華奉詔以圭玉白馬祭河神竣事上言淮安以東河入海處宜仿宋寘撩清夫用混江龍鐵杷撼蕩沙泥隨潮入海朝廷從其言泰不華傳

元貞二年淮安朐山鹽城水

大德元年揚州淮安旱成宗紀

三年揚州淮安旱免其田租同上十二月淮安饑同上

六年淮安蝗同上

九年淮安山陽水蠲其田租同上

至大元年淮安等處饑以兩浙鹽引十萬貿粟振之(武宗紀)
淮安蝗(同上)
延祐元年遣官浚揚州淮安等處運河(仁宗紀)
四年淮安大水(同上)
至治元年淮安路鹽城山陽水免其租(英宗紀)
二年淮安屬縣旱免其租(同上)
泰定三年淮安蝗(五行志)
四年淮安路饑振之
天歷二年以淮安鹽城山陽諸縣去年水免今年田租(明宗紀)
淮安屬縣蝗蝻(五行志)

至順元年淮安路蝗文宗紀

二年淮安山陽去歲水災免其田租同上

元統二年淮河漲淮安路山陽縣滿浦淸岡等處民畜房舍多漂溺順帝紀

後至元元年淮安淸河山陽等縣水五行志

五年淮安路山陽縣饑振鈔二千五百錠給糧兩月順帝紀

至正十二年立淮南江北等處行省於揚州以趙璉參知院事既至分省鎮淮安後移眞州爲張士誠所殺趙璉傳

十三年以敕牒二十道鈔五萬錠給淮南行省平章政事達世帖睦邇於淮南淮北等處召募壯丁并總領漢軍蒙

古守禦淮安 順帝紀

十四年削太師右丞相脫脫官爵安置於淮安路 同上

石普字元周徐州人以十二年從脫脫平徐州功遷兵部主事升樞密院都事守淮安攻高郵力戰死 石普傳

十六年十月鎮南王退駐淮安趙君用自泗州來寇城陷淮東廉訪使褚不華死之鎮南王被執不屈與妻子皆赴水死　初不華與判官劉甲扞禦淮安甲守韓信城相犄角甲有智勇與賊戰輒勝賊憚之號曰劉鐵頭不華賴之總兵者易甲去韓信城陷 詳見仕蹟　先是同僉淮南行樞密院事董摶霄建議於朝曰淮安爲南北襟喉江淮要衝其

地一失兩淮皆未易保援救淮安誠爲亟務今日之計莫若於黃河上下瀕海之地南自沭陽北抵沂莒贛榆諸州縣布連珠營每三十里設一總砦就二十里中又設一小砦使烽候相望而巡邏往來遇賊則并力野戰無事則屯種而食然後進有援退有守此善戰者常爲不可勝以待敵之可勝也又言瀕淮海之地人民屢經流賊宜加存撫權令軍人搬運其陸運之方每人行十步三十六人可行一里三百六十人可行十里三千六百人可行百里每人負米四斗以夾布囊盛之用印封識人不息肩米不著地排列成行日行五百回計路二十八里輕行十四里重行

十四里日可運米二百石每運給米一升可供二萬人此百里一日運糧之術也又江淮多流移之人并安東海寧沭陽贛榆等州縣俱廢其壯者已盡爲兵老幼無所依歸者宜立軍民防禦司擇軍官才堪牧守者使居其職而籍其民以屯故地練兵積穀且耕且戰內全山東完固之邦外捍淮海出没之寇而後恢復可圖也時不能用淮安陷於賊本傳

十七年趙君用及彭大之子早住同據淮安趙稱永義王彭稱魯淮王順帝紀

二十五年泰通高郵淮安徐宿泗濠安豐諸郡皆爲張士

誠所據同上　劉翠翠淮安民家女與金定同年同學私約

爲昏張士誠兵至翠翠爲所掠金訪見之相持慟哭俱死

有詩在衣領中見山陽志遺引宮閨小名録

二十六年明徐達常遇春克淮安張士誠將梅思祖出降

周倀山陽鐵工之子精於聚歛爲張士誠上卿二十七年

徐達破蘇州慕客之誤國者皆駢誅倀亦見獲告主者曰

錢穀鹽鐵簿皆在我汝國欲富勿殺我主者曰亡國賊尚

不知死罪邪斬之民大悅曰今日天開眼

卞元亨元末客張士誠所及士誠跋扈屢諫不聽辭去居

鹽城之便倉手植牡丹於庭中花時甚盛士誠敗明太祖

徵之不出嘗作詩云恐使田橫客笑人太祖聞之怒遣戍邊左臨行以酒酹牡丹曰待我南還再開自是花不復放時家人散去有妾閉門靜居誓待主還凡十年一歲花大放元亨適以赦歸感其異爲詩曰牡丹曾是手親栽十度春風九不開多少繁華零落盡一枝猶待主人來其後花爲一璫使奪去移植官署花遂萎棄之卞氏取其枯者植之復活久而益茂遂名枯枝牡丹按邑志載元亨事不詳今據茶餘客話參錄之惟志不言元亨爲鹽邑人而鹽邑卞氏人物頗盛又客話言嘗游鹽邑見卞氏園中枯枝牡丹及卞進士樂云云則今卞氏爲元亨之後無疑姑附志之

鹽邑有烈女嘗啟戶飼燕家人疑之女遂懷燕投水以自

明及葬畢燕大集銜泥成冢人即其地起燕子闕以表之遺址猶存時代未詳姑附於此

洪武二年淮安獻瑞麥太祖紀

九年免淮安租賦

永樂元年用戶部尚書郁新言用淮船受三百石以上者道淮及沙河抵陳州穎岐口跌坡別以巨舟入黃河抵八柳樹車運赴衛河輸北邊海運用官軍餘皆民運淮徐臨清德州各有倉江西湖廣浙江民運至淮安倉分遣官軍就近輓運自淮至徐以浙直軍自徐至德以京衛軍自德至通以山東河南軍食貨志是歲免淮安租二年成祖紀

八年免去年淮安水灾田贖其民所鬻子女同上

十年浚故沙河治河方略

十二年發山東西河南鳳陽淮安徐邳民十五萬運糧赴宣府本紀

十三年鑿淸江浦通北京漕運本紀

丁珏山陽人永樂四年里社賽神誣以聚衆謀不軌死者數十人擢珏刑部給事中居官十年貪黷不顧廉恥母喪未期起復視事爲御史俞信等所劾論大不敬當死謫戍邊列傳

二十一年山東巡撫陳濟言淮安濟寧東昌臨淸德州直

沽商販所聚其商稅宜遣人監榷一年以爲定額從之食貨志

虞謙字伯益金壇人永樂間爲右副都御史嘗曰爲臣之道愛君愛民二者而已奉命巡視淮安疏民疾苦請發廩振貸贖還所鬻子女明史本傳

洪熙元年夏四月帝聞淮徐民乏食有司徵夏稅方急乃御西角門召大學士楊士奇草詔免夏稅及秋糧之半仁宗紀

宣德四年以鈔法不通由商居貨不稅由是於京省商賈湊集地市鎮店肆門攤稅課增舊凡五倍悉令納鈔鈔關

之設自此始於是有淮安揚州濟寧諸鈔關同上

九年淮安饑宣宗紀

十年淮安蝗同上

正統二年五月大雨水深數尺城內行舟損房屋無算禾苗蕩然

七年命大臣分巡天下有蝗處道政司右參議王錫命往淮安見山陽志遺

景泰二年蘇州淮安諸郡雪民凍餓死相枕儀智傳

三年兩淮大水河決免稅糧景帝紀命陳泰督治河道自儀眞至淮安濬渠入十里塞決口九築壩三役六萬人數日

而舉陳泰傳

四年發淮徐倉振饑民發淮安倉振鳳陽景帝紀都御史陳泰一濬淮揚漕河築口塞壩河渠志

五年淮安府奏盜劫山陽等處詔吏部尚書王文設法撫捕見山陽志遺

成化四年秋旱蝗有司捕之愈熾太守楊昶親詣蝗所齋戒致祀翌日大雨蝗盡死歲大稔

二十一年敕工部侍郎杜謙浚運河自通州至淮揚河渠志

弘治六年冬大雪六十日纍叢幾絕大寒凝海

正德六年山東寇起攻城劫吏僇民如菅海州諸郡聞風

而靡十月十二日寇沭陽諸生沈麟以母病不能徙並母爲所禽將就僇寇憐而釋之先是淮安守劉祥由宿遷敗績與沭陽丞程儉皆被執麟復詣寇毀以大義說之二人並得脫（海州志紀此事頗詳悉錄之）

總督漕運御史陶琰奏淮安贛榆等處盜賊蠭起乞處置兵食戶部請以鹽銀十萬兩及本年鈔關所入以給之又言淮民造麴者一歲所糜麥無慮數十萬石請權時禁之詔許給銀兩而罷禁麴之議（見山陽志遺）

清河口至柳浦黄河淸三日（武帝紀）

八年旱蝗

十年大旱

十二年夏霖雨不止城內行船

十四年帝自將征宸濠十一月至清江浦幸太監張陽第時巡幸所至捕得魚鳥分賜左右受一臠一毛者各獻金帛爲謝至是漁於清江浦累日臣僚迎送雜沓皆戎服徒行無復貴賤江彬肆意徵索考縛有司不異奴隸又矯旨遣官校四出索民間爬犬古器近淮三百里間無得免者二十二日壬子冬至扈從及撫按等官稱賀於張陽宅二十四日甲寅至淮安府侍從徒步入城幸總兵官顧仕隆第二十七日至寶應山陽志遺較明史爲詳錄之

是年淮揚饑人相食

武宗紀

十五年八月帝旋蹕九月七日駐淮安都御史叢蘭宅總兵官顧仕隆等進賀功金牌花紅彩帳帝戎服簪花鼓吹入城過山陽縣學入祠廟廡肖像復入教官宅取貲治道鑑等書以山有司治故尚書金濂第以俟臨幸是夜止濂第癸亥重陽節左右競進菊花旗牌官緣此責收於民城中大擾丙寅至清江浦幸張陽宅踰三日自泛小舟漁於積水池舟覆溺焉左右大恐爭入水扶掖之遂不豫武宗外紀

山陽志遺是年大水

十六年大水舟楫通於舊城南市橋上同

嘉靖元年倭自廟子灣海口登岸由馬邏建義直至郡城東之櫻桃園殺軍民男婦無算一酋身長九尺頭大如甕手揮雙刀銃箭不能入大河衛蕭指揮蘇千戶皆亡於陳漕撫李燧先設伏於柳浦灣又掘坑塹數百於姚家蕩然後出兵禦之火礮具舉賊退至柳浦灣伏起長驅至姚家蕩遇坑輒仆倭足不甚捷既仆不能即起因盡殲其眾即坑內埋之築土成京觀名曰倭墩居民建報功祠見山陽志遺按元年漕撫爲俞諫又明職官中無李燧破倭寇者爲淮揚巡撫李遂事在三十八年非元年恐作者一時誤記

二年夏大旱秋大水冬大疫人相食

三年振淮揚饑世宗紀

三十一年河淮大溢

三十二年侍郎吴鹏振淮安水灾

三十四年淮水溢　十月倭数千人自日照流劫至淮安时邑人沈坤方家居散赀募乡兵千余屯城外倭纵火焚烧官兵却坤率众力战身犯矢石射中其酋倭始退

三十六年六月副使于德昌等击倭出海追至安东庙湾大败之

李遂字邦良丰城人进士嘉靖三十六年倭扰江北廷议以督漕都御史兼巡抚不暇办寇请特设巡抚乃命遂以右佥都御史抚淮扬四府驻泰州时淮扬三中倭岁复大

亦遂請餉增兵次第畫戰守計三十八年四月倭數百艘寇海門遂語諸將曰賊趨如臯其衆必合合則侵犯之路有三由泰州逼天長鳳泗陵寢震驚矣由黄橋逼瓜儀以揺南都運道梗矣若從富安沿海東至廟灣則絶地也乃命將扼如臯而身馳泰州當其衝賊知有備沿海東掠遂喜曰賊無能爲矣遂致賊廟灣復慮賊突淮安乃夜半馳入城賊尋至遂督諸將禦之姚家蕩通政唐順之副總兵劉顯來援追奔至新河口焚斬甚衆賊以餘衆保廟灣攻之月餘不克遂塞塹夷木壓壘陳火焚其舟賊乘夜雨潛遁官軍據其巢追奔至蝦子港江北倭悉平本傳按本紀是時破倭者

又有副使劉景部

三十八年旱民饑

范檟嘉靖中守淮安時景王出藩大盜謀劫之有黨自天津至郡陽分徒五百人往來伺察一日晚衙龍門卒報有貴客僦潘氏園寓眷屬從者甚衆而更出入問有傳牌乎曰無檟疑爲盜陰選健卒易衣如莊農視其徒入肆陽與飲挑與鬬則相搏以來卒既去乃命與謁客過坊肆搏者前謝即收之比返得十七人陽怒曰王舟方至官司不暇食遑問鬬乎令就繫夜半出囚於庭叱之曰汝黨謂官府當出迎王欲乘機爲亂吾久知之徒送死耳皆叩頭首服

往捕盜首已遁去其挐妓也於是飛騎報揚徐將吏而甓十七人於獄餘賊散去又民家子徐柏及昏而失之父訴於官檟曰臨昏不遠游是見殺邪父曰兒有力人不能殺也久之莫決一夕秉燭坐有濡衣臂兩甓僂而趨謁曰是柏魂也而繫甓水死耳明日問左右何池沼最深吾欲往游對曰某寺遂往指池曰徐柏死在是網之不得將還忽泡起復下獲焉召其父視之柏也而莫知誰殺一日下令曰今亂初已吾欲簡健者爲快手選竟視一人反襖脫而視之血漬焉呵曰汝何殺人曰前陳上浣耳檟曰殺僂在夏秋甞需襖殺徐柏汝也果首伏時稱神識舊郡志

隆慶二年振淮徐饑穆宗紀

三年淮水溢自淸河至淮安城西淤三十餘里決禮信二壩出海河渠志

四年自泰山廟至七里溝淮河淤淺十餘里其水從宋家溝旁出至淸河縣河南鎮以合於黃河同上山陽志遺載邑人胡效謨淮安大水記畧云淮安自嘉靖庚戌以來比年大水至隆慶己巳歲爲最大其年六月山東諸泉及鳳泗山水大發合河與淮水高丈五六尺由通濟閘建瓴入因而河淮不歸於海由安入海故道縮爲一綫海口將閉高堰遂敗故西橋運堤橋數處水亦涌起高於街四五尺懸注以入凡所經溝渠皆淤爲洲所過街市房廊兩旁堆沙三四尺晚開曉塞鄉聚屋低者水壓其脊高者門未沒尺許人皆穴屋棲梁上或乘桴假臥出入稍不戒隨浪旋沒後六月七日甲子立秋大風雨不止驚浪動天覆舟傾屋人畜流屍相枕自山桃淸安沭邳海贛宿睢旁及泗虹幅員千里所沒田

地七萬餘頃湖蕩不與焉時淮安兩城水關皆閉城內堅築土壩外水固不得入城中雨水積已五尺餘城外水高於城內屋脊夜靜水聲洶洶在梁棟間八月十八日大震雹一夜城中水深七尺煙火盡絕明年庚午五月河淮水又大發較己巳又加三尺黃浦決敵注於鹽城旁及寶與高泰四際無涯至六七月地上之水與淮河為一云按己巳庚午正隆慶三四年事今並錄之

五年秋水旬日不退知府陳文燭禱於神是夜遂退建棚將軍廟於西門外

萬歷元年旱復大水淮水暴發民多溺死　是年振淮安水災　神宗紀

二年秋烈風發屋拔木暴雨如注淮決高家堰高郵湖決淸水潭漂溺男婦無數淮城幾沒知府邵元哲開菊花溝

以洩淮安高寶三城之水東方銘米猶通兼采河渠志及舊志是年

振淮徐揚水災神宗紀邵元哲修築淮安長隄及疏鹽城石

礎口下流入海河渠志

三年六月霖雨不止河淮並漲匯而為一居民結筏浮箔

采蘆心草根以食詔發淮揚二府有司貸酷老疾者罷之

免被水田租兼采神宗紀及舊志

四年戶科給事中周良寅奏請疏通錢法部議通行天下

一體鼓鑄十二月巡撫吳桂芳巡按邵陛言江北四府三

州若各府立局開鑄則關防疏漏奸弊易生淮安府南北

適中又巡撫駐劄之地於此開局鼓鑄為便先借淮安府

庫銀八萬兩收買銅斤選得府境老君堂廢址一區四面臨水中有廢殿門廊堪以改建遂於五年春建局鑄錢至十一年戶部具題請暫行停止見山陽志遺引神朝實錄備草

五年漕河侍郎吳桂芳與知府邵元哲增築山陽長隄自版閘至黃浦亘七十里閉通濟閘不用而建興文閘且修新莊諸閘築淸江浦南隄拗版閘漕隄南北與新舊隄相接版閘即故移風閘也隄閘並修淮安漕道漸固河渠志

年詔鳳陽淮安力舉營田神宗紀

六年總理河漕都御史潘季馴築高家堰及淸江浦柳浦灣以東加築禮智二壩又城新莊閘而建通濟閘於甘羅

城南河渠志

七年免淮揚逋賦神宗紀

九年霪雨冰雹傷禾　振淮安災戶神宗紀

十一年夏蝗大水

十四年正月元旦黑霧障天狂風折木夏大雨河漲民饑

五月河決郡城東范家口徑鹽城縣田廬沈沒山陽志遺作十三年

十五年夏大旱蝗草木皆空

十七年大旱自二月入夏不雨二麥皆枯

十八年春大旱四月十三日後大風雨淮漲禾麥漂沒

十九年夏五月恒雨六月二十七日至七月初三日暴風

霪雨淮湖漲溢水漂決山陽隄決平地水深丈餘张宋河渠志及舊志

二十二年五月霪雨不止六七月大旱十一月黃河溢百餘日　詔以直省災荒淮徐尤甚盜賊四起有司玩愒自今以安民弭盜爲撫按有司黜陟神宗紀

二十七年縣民陳某妻徐氏產一猴長尺餘又二鼠長八寸能噭躍又脖骨一孿婦驚死

二十八年六月雨雹河決黃堌口

二十九年自春入夏霪雨連縣禾麥盡沒

三十年三四月冰雹霖雨秋河淮各山水俱漲田廬禾畜

渰没歲大饑

三十一年夏五月霪雨晝夜三旬不止水溢米貴人多疫死

三十三年三四月大風雨城市皆水房舍多傾夏秋大旱禾稼不登

三十五年春大旱夏秋大水

三十六年旱多火災

三十七年正月雷雪五月雨後城隍廟內椿樹自火

三十八年五月飛蝗蔽天六月大水湖西民家豬生象

四十三年春夏大旱麥蔬枯秋大水

四十四年正月十四日天妃祠內戌時鐘自鳴是歲飛蝗蔽天　淮徐大饑錫振有差神宗紀
四十八年七月大風雨雷火竟天焚指揮蔡寬屋及舊城南門城樓冬雷電
天啟元年淮黄漲溢決裏河王公祠淮安知府宋統殷山陽知縣練國事力塞之河渠志
四年冬旱
五年春旱河井乾涸火災凡五十六
六年旱蝗害稼七月大風雨雨晝夜𢽾屋拔木河決匙頭灣倒流入駱馬湖自四年至是凡三歲歲歉民流

崇禎元年七月西門舊有石敢當忽人語爲人言禍福有驗民皆賽禱之太守連某過之問其故叱曰此石鬼也立命仆而碎之有血光微微而散由是寂然見山陽志遺佚知府無連姓崇禎初淮官王月子有毀石敢當事或即此事而誤傳之與

四年六年黃淮交潰決蘇家觜新隄頻年大水

八年國事日蹙帝思不次用人大開言路山陽三科武舉陳啟新伺上意肯伏闕上疏陳天下三大病根與藥五千言奉疏跪正陽門三日中官取以進帝大喜奉旨陳啟新敢言可嘉著授吏科給事中如有擠排傾陷者重究不貸命下舉朝震駭到官之日合垣不與爲禮後屢遷兵科

左給事中碌碌無寸長惟傚東廠馬與衆進退而已吏部侍郎劉宗周御史詹爾選給事中房之騏先後論之帝皆不究十年新安衛千戶楊光先疏奏啓新有云鄙夫既得患失心生稱說利害口與心違所指諸大病根今當首申前議以拯斯民何受事以來絕無一字談及當日身居局外自詡旁觀最清一入局中頓然鶻突如啓新不知病源是謂不智知而不言是謂不忠竝及其徇私納賄狀啓新疏辨有旨責其軍國大事竟無一言陳奏降二級照舊供職工部主事朱國壽疏參啓新不聽十一年御史王聚奎劾啓新緘默溺職帝怒謫聚奎十三年三月啓新奉命封

潸便道旋里其妻高氏病劇未及城而亡匿之入城次日始發喪啟新還里布衣敝冠步行街市徧謁鄉里自漕撫以下每日到門惟山陽尹劉景焯於初至一見不再至啟新深銜之十月啟新復命還朝首奏劉令貪酷十五年八月啟新以母喪還里郡守王昌時謁啟新啟新欲以屬吏禮待之昌時不爲屈啟新怒甚思有以中之會啟新妻姪高某應童子試屬郡守必欲冠軍昌時不可欲發其事啟新懼其事遂寢昌時亦即移疾去御史倫之楷論其請托受賕還鄉驕横御史姜埰李端和等繼之劾其不忠不孝大奸大詐煽惑國政播亂是非乃詔削啟新籍撫按追贓

擬罪啟新杜門藏匿淮撫史可法緝之啟新夜半潛遁國變後不知所終見明史姜埰傳

九年十月新城東門民家雌雞化爲雄山陽志遺

十一年三月郡城内喧傳大頭鬼至日方落時街市絶無人行夏曰翀移居南市橋宅内見之晝夜騷然同上

十三年正月六日天氣蒸熱如夏夜震雷大雨次日大風雨雹俄大雪二晝夜深三尺許河冰復合屋上積雪粲日不消上有巨雞足迹或如牛首馬面之狀或如巨人足迹長二三尺同上

十五年五月雨雹初如雞卵繼如升斗最後則大如柱礎

屋宇頹毀牛羊壓死人避不及者死於郊原越數日菴方

消地陷數寸同上

十七年正月淮安民家鑿井將及泉得一石洗視之銘曰

宋建炎二年開三百年塞二百年後開天下當清同上東嶽

廟樹泣水落如雨三日

三月淮安有練義勇之舉漕撫路公振飛至淸江浦與淸

河舉人湯調鼎等練義勇二萬餘人戶部員外萬濲亦練

衙兵數百各成勁旅先是淮郡軍民雖私自練習猶以戎

服爲恥及見路軍門萬戶部俱以軍容從事乃各釋儒服

生員盧士英領南門義社拔貢張鎮世領大義社武備社

七十二坊人人鼓勇軍門皆手觴賞賚三日始舉河北下關兩坊每社三四千人尤精猛絕倫有如素練一日軍門令各坊嚴搜賊偵探得七人斬之時有諸生顧某叩門求謁屏左右曰夜觀乾象帝星下降凡七日矣軍門大驚叱以爲狂生至夜復招之入問從何知之生曰天象示變萬無一失軍門愀然曰適都中人至如汝言幸秘之後數日有北京逃來指揮二人言都城已陷軍門恐人心搖動詰之曰汝從通州來安知京城事遣之去而淚痕已漬襟袖遠近喧傳亂如鼎沸四月杪賊帥武愫至沛軍門集士民出三月十九日報於袖中衆視之大哭軍門曰時事若此

董賊又至爾等不必恐懼且隨我殺賊若不勝時縛我出獻以贖爾命眾復哭義士劉應舉投袂而起請自効眾從之軍門給劄副獎之二十九日軍門與鎮淮總兵官撫寧侯朱國弼集士民文武於城隍廟歃血爲固守之盟留漕糧四十萬石及浙江福建餉銀二十萬工部差送太僕寺馬千匹以備軍需是時中軍趙洪禎率部下數百人焚掠淸口義勇圍之夜遁旋就禽斬新城奸民乘亂劫掠捕斬二人桃源知縣會孜棄城遁巡按王燮執而杖之洪禎弟東輝復率舊部逃叛官兵勦之斬三百餘人妻子無脫者軍令始肅時馬士英兵船從洪澤來欲由淮南下巡按軍

門令義勇自淸江浦至頭鋪兩岸山列不許一舟停泊一人上岸道路肅然高傑部將李成棟順流至淸口張士儀率水軍擊之焚殺甚衆奪所掠民口而還及南都旣立士英當國振飛被謫去燮升山東贊理軍務而士英私人田仰來爲漕撫忌振飛所爲日與劉澤淸賓澗高會士民從此解體矣路振飛傳及淮城日記

三月六日福周潞崇四藩避難船八十餘艘至河口八日振飛及撫寧侯朱國弼往見問故船小暗甚時周王已病福王曰孤自河南亂後與國母寄居懷慶二月十六日闖變四門大啟便衣偕母出行至東門門閉久之乃出忽失

毋所在今至此因泣下是日四藩並集淸江浦百姓罷市振飛以千金散給市肆始安十一日周王薨於水次寓櫬於民人趙啟申宅十八日福王寓湖嘴生員杜光紹園中二十七日王饋鎭撫馬各二疋四月五日潞王南下十九日周王櫬南下二十二日福王啟行振飛致書史大司馬可法云北事已眞人心恂危幸卽執牛耳議宗社生民主不然賊一渡河則江南震動大事去矣福藩舟將至維揚此神廟之孫名正言順民望所歸一言可定勿爲道旁之築淮城日記

山東總兵劉澤淸至淮安安東守將邱磊徵其家口輜重數日得還靑燐屑

四月末賊將董學禮至宿遷武愫至沛五月賊眾假爲難民乘船將近淸河水營副將張士儀大破之焚其舟賊將犯淮潛兵議從草灣渡河偵者得之振飛密令馬繼援王定國徐起龍王啟等諭百姓候官兵至爲內應已而賊見淸河兵敗不敢近振飛艤舟於河使李發張勇率步兵張士儀率水兵攻賊東南趙彪張浩然率馬兵由沭陽攻其東北劉世昌韓尙亮由上流攻其西南調邳州指揮周之鸞湯子能伏張山邀其西北監紀郎中高岐鳳居中調度而撫按同至淸江浦爲諸將餞行總兵邱磊部下有不願行者馘其左耳以徇時董賊方食聞報失箸夜拔營遁黎

明火抱賊無闘志斬獲無算宿遷平
江北巡按御史王燮以甲申四月職滿當去念北信斷絕
而淮安爲南北亘地乃與漕撫路振飛同盟誓以死守發
漕粟以振饑民賊有僞使招撫淮安者燮斬其使焚其檄
列兵守清河口訓練水師於清江浦之東捌擒僞官吕弼
周集衆射而殺之武憮等賊聞風遠颺淮安賴其保全
四月二十八日郡城天妃宫火藥局火工匠死者十餘人
是日朱國弼委城而去士民執其中軍撻於市 同上
奄黨楊維垣謫戍淮安居十五年時時冀望賜環甚叨妃
夢遊漢宫圖以見志屬人題詠沛上閻爾梅至淮安謂人

曰今聖明在上手定逆案如山維垣名在案中果奠宮可還則逆案可翻矣諸公紛紛何爲者維垣聞之取畫還及甲申三月淮安練義兵維垣亦與淮海道范鳴珂及郡人岳鍾秀馮汝嶍王真民等分守新城十月錢謙益力薦之遂起爲通政使采舊志及山陽志遺

燕順淮安妓女也年十六甸厭薄青樓以爲不可一日居甲申三月亂兵數百人至淮安肆行擄掠妓女多被禽順獨堅執不從兵以布縛之馬上順舉身自擲哭詈不止遂殺之而去

四月望後仰劉澤清與高傑將結作中分楚州淮人恇懼

各思竄匿巡方王變率十數人往會澤清鄭自鍾吾遣論於衆曰吾已遏高劉之師俾西其轅矣人情粗安五月南都立以澤清爲淮藩變言於士民曰吾初拒澤清之來以非君命也今奉新詔理不可違諸君盍善處之於是士人爭迎澤清澤清果喜出鎮外六月杪至淮與史閣部及路軍門王巡按集飲湖心寺數日以敕印來至選名園避暑其中其姪率將校强占人宅士民怨之卽徹去八月蒞任移居新城閻世選宅而別治藩府大興工役卽大河衛故治而更創之毀諸生祠及民舍以爲用九月晉東平侯廢鈔部立榷關於小壩口收船稅立團牌起柴抽丈海蕩行

小監罷引目更張變寘漁利不已佳兵闖府恣肆擾掠幸淮揚道張文光潛爲保護士民稍稍倚賴之及臨而府第成備極壯麗費金錢鉅萬除夕前三日奉母居其中　七月奉旨碭山知縣應廷吉以淮安府推官秩銜在史可法軍前自效廷吉慈谿人進士精三式天文之學可法薦之也　劉澤淸標下監軍道一員以淮海道張文光爲之監稅知縣一員以原任贛榆令方來商爲之靑齋肩　十月閣部史可法至淸江浦以參將沈通明駐白洋河　殺邱磊澤淸報怨也

乙酉四月左良玉兵東下夜半有急詔被譙下扉而入召淸撫田仰及澤淸入援澤淸貴不欲行乃集撫按諸官及

士民會議府第先使人去橋下橫木及士民至橋忽崩壓死數十人翌日上疏云臣已刻期進兵而紳士挽留至有投河攀轅不放者恐軍旅一動淮人騷然作亂緣此淹滯遂不行五月聞　大兵渡江大懼日夜搜索民船二十日從澗河逃至廟灣浮海去旋盡驅家人入海而身自出降朝廷惡其反覆腰斬於市兼采舊志及山陽志

淮安紫霄宮有皁莢樹產物如飴色黃味美士民以爲甘露觀者如市監紀推官應廷吉過而見之曰此齊餳也白者爲甘露黃者爲齊餳所見之地期年易主

劉文炤號雪舫海州人後籍宛平文炤之姑即孝純太后

莊烈帝卽位文炤與兄文炳文燿皆封顯爵甲申之變闔門殉節文炤年十五文炳攜之出遂逃還海州故里已而變姓名流寓淮上與一二遺老以觴詠自遣嘗有句云去住向誰商出處飄零到我負生平聞者悲之時又有劉孔和字節之大學士鴻訓子豪俠尙氣京師陷後棳財集兵屯長白山殺僞令引衆南下劉澤淸方開府淮上孔和與鄉里爭兵屬之後見澤淸不道數屛之爲所殺友人閻修齡靳應昇重金購其屍不得澤淸兇忍嘗有故人子至新城訪之歛以酒出所畜猴奉巵跽客前客畏其獰劣不敢舉澤淸命取囚至階下斷其首取腦骨和酒命猴奉而酬之合座怖慄

國朝順治二年四月　大兵至淮劉澤淸遁去官民持牛

酒迎三十里犒師三城安堵如故

四年九月鹽城厲豫作亂初豫居鹽城之岡門鎮家饒於財爲諸生素狂驕好大言會明亡所親勸之舉義豫因械家財得一句容朱姓奉之爲主號曰中興義師鄉人多從之假言史閣部未死由海上提兵至淮安入新城圍漕督署署中選兵環視莫知所爲時漕督庫禮方出巡師其妾登樓視之曰賊行列不整可破也集家衆百人大呼殺賊衆踉蹌循淵河東走追而殲之豫以未入城逸去不知所終兼采舊志及山陽志遺

厲豫事既定庫禮遣滿洲兵更番四出搜捕從賊之家自

新城內外略無隙地獲邱全孫姚希和邱鵬袁台垣等百餘家命梁通事勘問三木囊頭毒楚備至有鹽城諸生王篤生寄居郡城爲仇家所誣酷尤慘梁通事內結庫夫人外通書役曹聘宇周君調表裏爲藏賄於是聾金求命者相望於道會審時淮道卞三元力爲營護會天雨沙大風電赴審者人人呼冤庫禮惻然憫之而通事等激怒庫夫人曰此輩得生必招引亡命以圖報復不可不慮次年正月十二日復審於北門外之朱家營朱家營平日決囚地也赴審者方至梁通事即叱斬於道側時天氣陰晦微霽俄而大風凜冽掀屋拔樹見之者無不股慄見山陽志

部堂初設卽漕運總督權勢赫濯遠過漕撫而胥吏之惡如出一轍部堂書吏則有曹聘宇朱大受盧質斯周君調等漕撫書吏則有項得甫毛愛之祝其蘇等皆憑藉威勢苞苴流行至有殺人於途官吏不敢究詰順治十年吏部觀政進士邑人張新標上疏極言其害會淮民朱白文亦上言漕撫書吏奸私狀均奉　旨嚴勘五毒備嘗得甫愛之服毒死獄中其蘇君調得減死論聘宇大受質斯走死道路餘皆斂迹邑人稱快同上

康熙二三年間蕭山毛奇齡以避難來山陽令朱禹錫舍之天寧寺變姓名曰王彥字士方以文采重衣冠閒邑人

劉漢中張新標與訂交八月十五日新標大會名士於曲江樓士方賦明河篇文詞跌宕一時傳播宣城施愚山覽其詩驚曰何物王生此必吾友江東小毛子也怨家蹤迹之漢中藏於家月餘乃行

二十三年十月　皇上南巡

二十四年眞武廟隄決

二十八年　皇上南巡閱視南河

三十三年淮黃皆溢田禾淹没

三十五年大風雨河決龍窩口

三十八年　南巡閱視河工三月庚午　皇上奉

皇太后舟渡河壬申駐蹕淮安府

四十二年　南巡閲視南河

四十三年旱

四十四年　南巡三月壬寅渡黄河泊清江浦　閲楊家莊等處隄工閘口癸卯　駐淮安府四月　回鑾　幸高家堰閲河隄

四十六年　南巡閲河工二月壬寅駐清河縣運口丁未駐府城内

四十八年夏霪雨無麥大疫

六十年冬雨木冰

初順治丁酉江南科場事發淮安推官盧鑄鼎山陽令李祥光俱絞於西市康熙中漢陽方名令山陽到官日夢李來訪次日問老吏李何如人吏錯愕不敢對後方竟以辛卯科場事與句容知縣王曰俞斬於市見山陽志遺

淮安進士張豹曾祖某官祥符丞署縣事時汴口大決隄築屢潰某怒以繩繫河神頸自繫於頸同沒於河神不流涸者救以起一旬而隄成已復涓涓某脫衣冠塞之民爭負土以築遂堅不可壞曠園雜志按豹安東人康熙初進士其曾祖當在明嘉靖萬歷間本應入安東人物內以不得其名姑識於此以俟考

雍正初慶元任淮關榷使先是有潘某坐事籍沒潛寄萬

金於慶及濟之子來索金慶與之而別遣人持刃要於路劫金以歸濟訟諸官盡得慶所爲不法狀　上遣刑部侍郎黄炳鞫訊慶伏辜濟氏子亦坐重罪信今錄

八年夏六月河淮溢

十年春二月雨雪間以黑豆

十三年雨木氷六月旱蝗

乾隆五年夏五月大風譙樓扁額吹至里許

七年五月大雨傷麥六七月復大雨河淮漲溢淮決高堰古溝人畜漂溺無算

射陽湖界山陽寶應鹽城三縣自湖濱至羊腸集相傳有

九里一千墩高下大小不一而纍纍環列有竊發者所藏多巨木瓦缶或空無一物惟一大墩四面有石門其三土卸各露尺許土人云時聞吼聲雖與村居稍近無敢開視者

十六年　皇上南巡次山陽　御舟駐北角樓登岸恭

皇太后安輿　上自乘馬入北門由西門出登舟復賦役廣學額增兵饟賜耆年百姓夾道讙呼各官晉一階三月建　御詩亭於運河岸上以下皆見信今錄

十八年十九年二十年大水

二十一年　皇上南巡是年春饑夏大疫

二十二年大風察院大門吹落周家橋城隍廟鴟吻落數百步外

二十七年　皇上南巡

二十九年夏五月地震學使方試沭清贛三屬文童皆驚走出場

三十年　皇上南巡

三十三年春正月河北火燒居民一千八百家

三十九年河決老壩口水灌三城時漕督嘉謨北上夫人發銀三百兩命中軍官及邑人戴雨篁閉水關數日而定然城內水已深數尺

四十五年　皇上南巡

四十七年自去年八月至是年六月不雨樹木枯死運河幾涸秋八月大雨二日夜平地水深二尺冬米穀踊貴大饑

四十九年　皇上南巡　建行宮

五十年大旱

五十一年山陽居民李姓槐樹自焚死　是年大饑人相食夏大疫人死於道路相枕

五十五年秋七月大雨一晝夜府城內行舟秋水漂沒

五十九年夏四月河北火燒居民一千三百家

李毓昌即墨人進士江寧候補知縣嘉慶十三年淮安大

水振饑民毓昌奉委至山陽查振寓於漕院東善緣庵邑令王伸漢屬毓昌多開戶口以覬中飽毓昌不從伸漢懼泄其事使僕包祥賂毓昌僕李祥等於十一月六日夜寘毒茗盌中酖之未絕復以衣帶絞之以自縊告伸漢與知府王轂驗視轂見毓昌胸有血迹疑之伸漢先後賂轂銀四千兩屬匿其事遂以自縊詳報製棺殯之毓昌叔父太清來淮從柩歸葬檢其篋中故衣有血迹疑不以良死開棺檢視得服毒狀並諸厭勝物時毓昌又憑其友荆從發號訴稱冤語卒從發立死明年太清赴都察院陳訴

上命山東撫臬提棺覆檢如太清言乃縶伸漢李祥等至

刑部嚴訊皆款服　上震怒切責督撫以地方偶遇偏災國家不惜帑金濟救窮黎承辦各員亦應激發天良盡心經理實惠在民方不負朕好使一夫失所之意乃不肖州縣多有揑開侵冒私飽己囊委員貪圖分潤通同作弊是直向垂死饑民奪其口食已屬豪無人心不意山陽辦振竟致謀命滅口尤屬從來未有之事總督鐵保巡撫汪日章乃率據府縣詳文題報實屬形同木偶試思職官身死不明顯有疑竇尚相蒙混不爲究辦若無告窮民銜寃負屈又豈肯盡心推鞫爲之申理其草菅人命不知凡幾俱著明白回奏先自議罪並逮轂及侵冒委員吏役凡數

十人至京頻質仲漢自款侵冒銀二萬三千兩總查同知林永升一千兩餘人所得各有差獄既具奏　旨仲漢包祥立斬籍沒仲漢子恩官流遣烏魯木齊毅立絞永升諸人籍沒流遣有差山陽縣丞章爲棟訓導言廷瑛知事余清揚典史呂時雨皆與焉教諭章家麟以無冒濫擢知縣毓昌僕顧祥馬連升凌遲李祥首級解赴毓昌柩前凌遲剉心督撫監司謫戍黜革有差並攤賠侵欺帑項贈毓昌知府　御製五言長律一章表其墓蔭一子舉人賞太清武舉

十四年秋七月運河決狀元墩

十五年春二月運河決三鋪南七涵洞田禾盡没

道光四年冬十一月湖水決十三堡運河西大水漂没人

民廬舍

五年旱

十一年夏六月運河決馬棚灣

十三年禾稼不登道殣相望

十五年春三月山陽河下大火延燒六百餘家

韓向春天津人父與友人客江左歸舟抵府西門外物故

友人葬於北角樓叢塚閒以二盞一甎識其處歸語其家

向春方六歲聞之號泣少長欲尋求父櫬母以其少輒止

之比壯遂辭家來淮時其子亦六歲臨行語之曰不得櫬將死異鄉不歸矣爾它日當效我亦往尋若父也鄰里送者皆爲灑涕既至行求弗獲禱於神日號諦荆棘中困而假寐夢神示之處覺而求之蓋與瓶皆在焉啟棺瀝血試之驗乃易櫬歸葬人以比之趙來章云時道光二十七年也

二十八年運河決清水潭東鄉大水

咸豐三年粵賊陷揚州郡城戒嚴奸民梁常保本劇盜屢捕不獲至是益肆劫掠或言將與粵寇通人情大聳俄爲兵勇偵獲戮死徒衆散去

六年大旱運河斷流

七年春大饑　十月運河有巨蛇盤水上昂首出水至閘口側而過隨流東下

八年旱　自八年至十年所在茶花及莖葉多作蛇蝎戈戟之狀未幾寇至

十年春二月初一日皖賊陷淸河賊未至時河督庚長微服單騎奔郡城郡城嚴守衛初三日賊騎四出焚掠山陽淸河安東各鄉皆遭殘破文武官紳軍民流寓死賊可以名紀者二千餘人十三日賊全隊回巢時奸人往往於城內僻處縱火龔爨亂劫掠均爲巡緝者拺止知府恒廉知縣顧思堯結士民僃練勇晝夜往來睥睨間有爲賊偵伺

者輒爲兵勇所獲防守益嚴得以無事

十一年賊掠海州回巢經安東清河時團砦未備頗遭焚掠

同治元年皖賊犯清河阜寧闖入山陽東北鄉復據桃源衆輿巢堅壁爲久駐計日出焚掠蹂躪數百里時熟麥被野民大恐游擊陳國瑞帥兵僅千人立營賊旁晝夜攻劫之賊懼而走民慶更生國瑞之力居多

五年運河決清水潭東南鄉大水守令督民修隄渠以工代振

六年賊踞登萊掠沿海乃即六塘河南岸築長圍距之地

亘五州縣圍長二百餘里知府章儀林總其役十二月圍成賊爲東軍擊敗竄沭陽阻圍不得逞大潰賊首賴文洸率餘賊夜半偷渡沿途敗散畧盡至揚州守捉兵得之餘寇悉平　自咸豐軍興山邑團練捐輸之役如蝟毛而起勞擾沸騰靡有寧歲加以兵火災荒民生重困至是始得息肩云

十三年五月雨至十月大水薦饑人戸流散振災民

光緒二年妖人翦紙爲人翦人髮始於鄉鎮久而城市亦有之譌言日起浦上獲數人立寘諸法譌亦止　夏大旱蝗

七年夏鹽阜灝海有巨魚挾潮來漂没廬舍人民

九年三月海沭安桃等處齋匪煽亂人民大恐有徙者

（清）張兆棟、孫雲修　（清）何紹基、丁晏等纂

【同治】重修山陽縣志

清同治十二年（1873）刻本

雜記一　兵戎　祥祲

事有關於一方之故無所附麗者入雜記攷時政也歷代水旱災祲入雜記愍民生也瑣詞叢說入雜記廣異聞也人無足稱而正史纂錄者入雜記紀實也不列於人物不得比於人物也元明以前一材一善足以標映後世而正史闕如載見他說者入雜記弗忍沒之也至如盛衰之原兵戎之端三致意焉用諗來哲其所編次以世爲繫世無可繫以類相從舊志所無今所掇拾者注明見於何書其地震諸異今刪之以災變流行所及者遠非一邑事也舊志有辨說一册今亦不載著述之體但當精核其是非辨

（者存之訛者芟而雜之不必辨也）

魏黃初中帝幸廣陵蔣濟表水道難通帝不從於是戰船數千皆滯不得行議者欲就留兵屯田濟以爲東近湖北臨淮若水盛時賊易爲寇不可安屯帝從之車駕即發還到精湖水稍盡盡留船付濟船本歷適數百里中濟更鑿地作四五道蹴船令聚豫作土豚遏斷湖水皆引後船一時開過入淮中帝還洛陽謂濟曰事不可曉吾前決謂分半（一作卒）燒船於山陽池中卿於後致之略與吾俱至譙又每得所陳實入吾意自今討賊計畫善思論之（按山陽池通鑑引作湖戴延之西征記又作山陽津實一水也）

吳赤烏元年人於會稽山石穴中得淮陰侯韓信劒乃少時所佩者帝以賜周瑜按此事舊志引刀劒録云云惟瑜卒於建安十五年去赤烏近三十年恐不足據姑存之

晉太興中孔衍出爲廣陵太守郡鄰接石勒衍教授後進不以戎務廢業石勒常騎至山陽敕其黨以衍儒雅之士不得妄入郡境按此時尚未立山陽郡此云山陽乃射陽縣內地名

隆和元年北中郎將庾希助陳祐守洛陽希自下邳退屯山陽十六國春秋

太和四年十月桓溫及燕人戰於枋頭不利收散卒還屯山陽　十一月溫自山陽及會稽王昱會於涂中將圖進

取

義熙四年魏兵（原書作鮮卑此自南北相輕語耳今從實稱魏兵後仿此）侵逼自彭城以南民皆保聚山陽淮陰諸戍並不復立劉道憐請據彭城以漸修冊朝議以彭城縣遠使鎮山陽進號征虜將軍督淮北諸郡事北東海太守（宋書劉道憐傳）

五年豫章郡公劉裕抗表北伐六年徐道覆盧循寇南康廬陵豫章諸郡帝馳使徵公即日班師至下邳以船運輜重自率精銳步歸至山陽（宋武帝紀）

宋元嘉二十七年魏太武自彭城南侵命高梁王阿斗埿出山陽太守蕭僧珍斂居民及流迸百姓悉入城臺送糧

伕給盱眙敵逼分留山陽又有數萬人攻具當往滑臺亦留付郡城內垂萬家戰士五千餘人有白水陂去郡數里僧珍逆下諸處水注令滿須敵至決以灌之敵既至不敢偪引去索虜傳

泰始二年薛安都反山陽太守程天祚據郡同安都攻圍彌年然後歸順按安都傳作山陽內史曾爽阮佃夫傳皆作山陽太守攷內史與太守相去懸絕內史乃係諸王官屬時郡王多擁虛號不即就封其內史亦必不在本郡明矣舊志知改安都傳內史爲太守而未詳其所以然今故附而辨之如此又按張世興傳太宗即位四方反叛使張永以步騎五千留戍盱眙餘衆二萬人悉遣南討山陽尋平與此疑正一事也

齊建元二年九月有司奏山陽縣界若邪村有一梘木合

爲連理淮陰縣建業寺梨樹連理五行志

王敬則臨淮射陽人也僑居晉陵南沙縣母爲女巫敬則年長而兩腋下生乳各長數寸性倜儻不羈好刀劍嘗與既陽縣吏鬬謂曰我若得既陽縣當鞭汝背吏唾其面曰汝得既陽縣我亦得司徒公矣屠狗商販徧於三吳使於高麗與其國女子私通因不肎還被收錄然後反善拍張補刀戟左右宋前廢帝使敬則跳刀高出白虎幢五六尺接無不中仍撫髀拍張甚爲儇捷補俠轂隊主領細鎧左右與壽寂之弒前廢帝及明帝卽位以爲直閤將軍封重安縣子敬則少時於草中射獵有蟲如烏豆集其身摘去

乃脱其處皆流血敬則惡之詣道士卜道士曰此封侯瑞也敬則聞之喜故出都自効後補既陽令昔日闕吏亾叛勒令出遇之甚厚曰我已得既陽縣汝何時得司徒公邪時軍荒後縣有一部劫逃入山中爲人患敬則遣人致意劫帥使出首當相申論郭下廟神甚酷烈百姓信之敬則引神爲誓必不相負劫帥既出敬則於廟中設酒會於坐收縛曰吾啟神若負誓還神十牛今不得違誓即殺十牛并斬諸劫百姓悅之元徽二年隨齊高帝拒桂陽賊於新亭敬則與羽林監陳顯達寧朔將軍高道慶乘舸迎戰大破賊水軍事寧帶南太山守右俠轂主轉越騎校尉安成

王車騎參軍蒼梧王狂虐左右不自安敬則以高帝有威名歸誠奉事每下直輒往領軍府夜著青衣扶匐道路爲高帝聽察高帝令敬則於殿內伺機及楊玉夫將首投敬則敬則馳謁高帝乃戎服入宮至承明門門郎疑非蒼梧還敬則慮人覘見以刀環塞窐孔呼開門甚急衛尉丞顏靈寶窺見高帝乘馬在外竊謂親人今若不開門內領軍天下會是亂爾門開敬則隨帝入殿昇明元年遷輔國將軍領臨淮太守知殿內宿衛兵事沈攸之事起進敬則冠軍將軍高帝入守朝堂袁粲起兵召領軍劉韞直閤將軍卜伯興等於宮內相應戒嚴將發敬則開關掩襲皆殺之

殿內竊發盡平敬則之力也政事無大小帝竝以委之敬則不識書然甚善決斷齊臺建爲中領軍高帝將受禪順帝不肯出宮遜位敬則將輿入迎帝啟譬令出引令升車順帝不肯卽上收淚謂敬則曰欲見殺乎敬則答曰出居別宮爾官先取司馬家亦復如此順帝泣而彈指宮內盡哭聲徹於外順帝拍敬則手曰必無過慮當餉輔國十萬錢齊建元元年出爲都督南兗州刺史封尋陽郡公加敬則妻懷氏爵爲尋陽國夫人二年魏軍攻淮泗敬則恐委鎮還都百姓皆驚散奔走上以其功臣不問以爲都官尚書遷吳興太守郡舊多剽掠有十數歲小兒於路取遺物

敬則殺之以徇自此路不拾遺郡無劫盜又錄得一偷召其親屬於前鞭之令偷身長埽街路久之乃令偷舉舊偷自代諸偷恐爲所識皆逃走境內以淸仍入烏程從市過見屠肉枅歎曰吳興昔無此枅是我少時在此所作也召故人飲酒說平生不以屑也遷護軍以家爲府三年以改葬去職詔贈敬則母尋陽國太夫人改授侍中撫軍高帝遺詔敬則以本官領丹陽尹尋遷會稽太守加都督永明二年給鼓吹一部會土邊帶湖海人丁無士庶皆保塘役敬則以功力有餘悉評斂爲錢送臺庫以爲便宜上許之三年進號征東將軍宋廣州刺史王翼之子妾路氏酷暴

殺婢媵翼之子法朗告之敬則付山陰獄殺之路氏家訴爲有司所奏山陰令劉岱坐棄市刑敬則入朝上謂敬則曰人命至重是誰下意殺之都不啟聞敬則曰是臣愚意臣知何物科法見背後有節便言應得殺人劉岱亦引罪上乃赦之敬則免官以公領郡後與王儉俱卽本號開府儀同三司時徐孝嗣於崇禮門候儉因嘲之曰今日可謂連璧儉曰不意老子遂與韓非同傳人以告敬則敬則欣然曰我南沙縣吏徼倖得細鎧左右逮風雲以至於此遂與王衛軍同日拜三公王敬則復何恨了無恨色朝士以此多之十一年授司空敬則名位雖達不以富貴自遇初

爲楸輩使魏於北館種楊柳後員外郎虞長曜北使還敬則問我昔種楊柳樹今若大小長曜曰虜中以爲甘棠武帝令羣臣賦詩敬則曰臣幾落此奴度内上問之敬則對曰臣若解書不過作尚書都令史爾那得今日敬則雖不大識書而性甚警黠臨郡令省事讀辭下教制決皆不失理明帝輔政密有廢立意隆昌元年出敬則爲會稽太守加都督海陵王立進位太尉明帝即位爲大司馬臺使拜授日雨大洪注敬則文武皆失色一客旁曰公由來如此昔拜丹陽尹吳興時亦然敬則大悅曰我宿命應得雨乃引羽儀備朝服導引出聽事拜受帝既多殺害敬則自以

高武舊臣心懷憂懼帝雖外厚其禮而內相疑備數訪問敬則飲食體幹聞其衰老且以居內地故得少安後遣蕭坦之將齋仗五百人行晉陵敬則諸子在都憂怖無計上知之問計於梁武帝武帝曰敬則豎夫易爲感唯應錫以子女玉帛厚其使人如斯而已上納之吳人張思祖敬則謀主也爲府司馬頻銜使上偶傾意待之以爲游擊將軍遣敬則世子仲雄入東仲雄善彈琴江左有蔡邕焦尾琴在主衣庫上敕五日一給仲雄仲雄在御前鼓琴作懊儂曲歌曰常歎負情儂郎今果行許又曰君行不淨心那得惡人題帝愈猜愧永泰元年帝疾屢經危殆以張瓌爲平

東將軍吳郡太守寘兵佐密防敬則內外傳言當有處分敬則問之竊曰東今有誰祇是欲平我耳東亦何易可平吾終不受金罌金罌謂鴆酒也諸子怖懼第五子幼隆遣正員將軍徐嶽以情告徐州行事謝朓爲計若同者當往報敬則朓執嶽馳啟之敬則城局參軍徐庶家在京口其子密以報庶庶以告敬則五官王公林公林敬則族子也常所委信公林勸敬則急送啟賜兒死單舟星夜還都敬則曰若爾諸郎要應有信且忍一夕其夜呼僚佐文武樗蒱賭錢謂衆曰卿諸人欲令我作何計莫敢先答防閤丁興懷曰官祇應作爾敬則不聲明旦召山陰令王詢臺傳

御史鍾離祖願敬則横刀跂坐問詢等發丁可得幾人庫見有幾錢物詢祖願對並乖旨敬則怒將出斬之王公林又諫敬則曰官詎不更思敬則唾其面曰小子我作事何關汝乃起兵招集配衣二三日便發欲劫前中書令何胤還爲尚書令長史王弄璋司馬張思祖止之曰何令高蹈必不從不從便應殺之舉大事先殺朝賢事必不濟及率實甲萬人過浙江謂曰應須作檄思祖曰公今自還朝何用作此乃止朝廷遣輔國將軍前軍司馬左興盛直閤將軍馬軍主胡松三千餘人築壘於曲阿長岡尚書左僕射沈文秀爲持節都督屯湖頭備京口路敬則以舊將舉事

百姓擔篙荷鍤隨逐之十餘萬衆至武進陵口慟哭乘肩輿而前遇興盛山陽二柴盡力攻之官軍不敵欲退而圍不開各死戰胡松領馬軍突其後白丁無器杖皆驚散敬則大叫索馬再上不得上興盛軍容袁文曠斬之傳首是時上疾已篤敬則倉卒東起朝廷震懼東昏侯在東宮議欲叛使人上屋望見征虜亭失火謂敬則至急裝欲走有告敬則者敬則曰檀公三十六策走是上計汝父子唯應急走耳敬則之來聲勢甚盛凡十日而敗時年六十四朝廷漆其首藏在武庫至梁天監元年其故吏夏侯亶表請收葬許之舊志列仕績今移此

陳大建五年徐敬成隨吳明徹北討自繁梁湖下淮圍淮陰城仍監北兗州淮泗義兵相率響應一二日間衆至數萬遂克淮陰山陽鹽城三郡徐度傳按宣帝紀是年三月北伐八月乙未山陽城降正是此事

大建十一年南北兗晉三州及盱眙山陽等九郡民自拔向建業宣帝紀按十年吳明徹為周所獲江北地盡入周故此云自拔也

隋開皇七年四月於揚州開山陽瀆以通運漕高祖紀

仁壽二年正月二十三日以舍利真形分布五十三州建立靈塔令總管刺史以下縣尉以上廢常務七日請僧行教化期用四月十八日午時合國化內同下舍利封入石

留其後各以瑞應來奏楚州野鹿來聽雁翔塔上 隋王劭感應記

按龍興寺碑陰云景龍二年立尊勝塔賜田千畝或云即今城西北隅塔也據感應記則楚州在隋已有塔矣昔人謂感應記多誣謟不實然鹿雁可以傳致若數十州同時起塔有目共覩非可虛構但未知今塔即其遺址否存之以俟攷

唐武后光宅元年九月徐敬業據揚州起兵十月楚州司馬李崇福以山陽安宜鹽城三縣歸敬業　是年曲赦揚楚二州

長安元年七月楚州地震 五行志作大足元年

永徽六年楚州大疫 新書五行志

上元二年楚州刺史崔侁獻定國寶玉十三枚一曰元黃

天符如笏長八寸闊三寸上圓下方近圓有孔黃玉也二曰玉雞毛文悉備白玉也三曰穀璧白玉也徑可五六寸其文粟粒無雕鐫之迹四曰西王母白環二枚白玉也徑六七寸五曰碧色寶圓而有光六曰如意寶珠形圓如雞卵光如月七曰紅靺鞨大如巨栗赤如櫻桃八曰琅玕珠二枚長一寸二分九曰玉玦形如玉環四分缺一十曰玉印大如半手斜長理如鹿形陷入印中以印物則鹿形著焉十一曰皇后採桑鉤長五六寸細如筯屈其末似真金又似銀十二曰雷公石斧長四寸闊二寸無孔細致如青玉十三寶置於日中皆白氣連天按史未言第十三佚表玉形質想漏也

云楚州寺尼眞如者恍惚上升見天帝帝授以十三寶曰中國有災宜以第二寶鎭之詔曰上天降寶獻自楚州因以體元叶乎五紀其元年宜改爲寶應舊書肅宗紀

大歷三年叛將平盧司馬許杲至楚州大掠節度使韋元甫命和州刺史張萬福進討之未至淮陰杲爲其將康自勸所逐自勸擁兵繼掠循淮而東萬福倍道追而殺之舊書張萬福傳

興元元年詔宋亳淄青澤潞河東恆冀幽易定魏博等八節度螟蝗爲害蒸民饑饉每節度賜米五萬石河陽東畿各賜三萬石所司船運於楚州分付舊書德宗紀

貞元七年揚楚等州旱新書五行志

李聽字正思西平王晟子帝討李師道聽爲楚州刺史淮南兵縣弱鄆人素輕易之聽日整勒士皆奮掩賊不虞趨漣水破沭陽絕龍且堰取海州攻朐山降之懷仁東海望風送款新書李聽傳舊書畧同

太和七年秋揚楚等州大水害秋稼

咸通九年冬龐勛據徐州分遣賊帥攻剽淮南諸郡縣滁和楚壽繼陷舊書令狐綯傳

光啓三年高駢死淮南亂楚州刺史劉瓚來奔朱全忠欲攻徐州乃遣朱珍將兵數千聲言送瓚還楚州時溥出兵

以拒珍與戰大敗之

景福元年三月徐州時溥遣兵三萬侵楚州四月楊行密將張訓李德誠敗徐兵於壽河俘斬三千級遂取楚州執其刺史劉瓚見十國春秋吳紀舊志亦載景福元年行密取楚州事而不及此之詳

乾寧四年九月朱全忠遣龐師古以兵七萬壁清口將趨揚州葛從周壁安豐將趨壽州全忠自將屯宿州境內震恐冬十月行密與朱瑾收兵三萬拒汴兵於楚州別將張訓自漣水引兵會以爲前鋒師古營於清口或言營地汙下不可處師古不聽瑾壅淮上流欲灌之有奔告師古者師古方與客對奕以爲惑衆斬之十一月癸酉瑾與裨將

侯瓚將五千騎潛渡淮水用汴人旗幟自北來趣其中軍張訓踰柵入士卒倉皇距戰淮水大至汴軍駭亂行密自引大軍濟淮夾攻之斬師古及將士萬餘級餘衆悉潰從周全忠亦奔還自是保據江淮汴人不能爭舊志載此事系之景福四年下按景福乃無四年今正之

吳楊行密嘗過楚州臺濛盛供帳待之行密一夕去遺衣卧內皆經補浣濛還之行密曰吾與細微不敢忘本君笑我邪濛大慚新書楊行密傳

行密在楚州見王茂章營第曰天下未定而茂章居寢檝然渠肯為我忘身邪茂章遂毀之見十國春秋拾遺

何敬洙給事楚州刺史李簡左右簡性殘忍僕廝小過輒寘之死敬洙一日與其伍手搏階下有持簡所寶硯過者戲曰誰敢破此敬洙曰死生有命一擲碎之翌日簡問硯毁命禽之簡妻素奇敬洙匿之堂奥旬日簡謂已逃寘不問會有烏逐簡而譟避之輒隨至怒曰恨敬洙不在此語未畢敬洙挾彈拜於前一發斃之簡喜不復治有董紹顔者善相術相簡諸子曰無及公者獨指敬洙曰此奇相也殆過公由是拔爲軍校十國春秋何敬洙傳敬洙龍簡爲刺史見秩官

南唐李景命內臣車延規傅弘營屯田於楚州處事苛細人不堪命致盜賊羣起命徐鉉乘傳巡撫至楚州奏罷屯

田（見宋史徐鉉傳）

周顯德四年（當南唐保大十五年）冬世宗征南唐十二月屯於楚州之北門五年（南唐交泰元年）正月周師攻楚州守將張彥卿鄭昭業城守甚堅攻四十日不可破世宗親督兵以洞屋穴城而焚之城壞彥卿昭業戰死周兵怒甚殺戮殆盡

周造齊雲船數百艘世宗至楚州北神堰齊雲舟大不能過欲鑿楚州西北灌水以通其道遣使行視言其不便自往視之授以規制發夫浚治旬日而成數百巨艦皆達於江（郡國利病書引圖經云北神堰在楚州城北五里吳王夫差欲通江淮於此立堰者以淮水底低溝水底高防其洩也舟行渡堰入淮今號爲平水堰灌水今在楚州城西老鸛河是也嘉定志云太守應純之自管家河與老鸛

河相接處爲斗門水閘一座按其地當是故沙河俗云烏沙河也

世宗征淮南李景以陳承昭爲濠泗楚海水陸都應援使

世宗既拔泗州引兵東下命宋太祖領甲士數千爲先鋒遇承昭於淮上擊敗之追至山陽北太祖親擒承昭以獻

世宗釋之見宋史陳承昭傳宋太祖紀略同

世宗攻楚州王審琦爲南面巡檢城將陷審琦意淮人必遁設伏待之少頃城中兵果鑿南門而潰伏兵擊之斬數千級繫五千餘人獻之行在見宋史王審琦傳

世宗南征以韓令坤知揚州事與南唐將陸孟俊兵戰大敗之禽孟俊敗其將馬貴於楚州見宋史韓令坤傳

馬仁瑀從世宗征淮南至楚州攻水砦砦中建飛樓高百尺餘世宗觀之相去殆二百步樓上望卒厲聲嫚罵世宗怒甚命左右射之遠莫能及仁瑀引滿應弦而顛見宋史馬仁瑀傳

劉保勳河南人廣順初歷掌鄆宋楚三州鹽麴商稅見宋史劉保勳傳

宋楚州北山陽灣尤迅急多有沈溺之患雍熙中轉運使劉蟠議開沙河以避淮水之險未克而受代喬維岳繼之開沙河自楚州至淮陰凡六十里舟行便之河渠志

劉承規字大方楚州山陽人父延韜內班都知承規建隆

中補高班太宗即位超拜北作坊副使時梟帥陳洪進歸朝遣承規疾寘封具府庫會土民嘯聚爲寇承規與知州喬維岳率兵討定之太平興國四年命與內衣庫使張紹勍等六人率師屯定州以備契丹又護滑州決河雍熙中勾當內藏庫兼皇城司出爲鄜延路排陳都監改崇儀使遷洛苑使至道中與周瑩同簽提點樞密宣徽諸房公事仍加六宅使承規懇辭帝雖不許而嘉其退讓眞宗立瑩爲宣徽使以承規領勝州刺史簽書宣徽院公事尋議宣徽之務加莊宅使咸平三年遷北作坊使時邊境未寧議修天雄軍城壘命承規乘傳經畫又命提舉內東崇政殿

等諸門遷宮苑使上詢承規西事請益環州木波鎮戍兵以爲諸路之援從之俄兼勾當羣牧司景德二年與李允則使河朔按視營經戰陳等處將卒之勞是歲賓官提舉京師諸司庫務以承規領之所隸局署多所規制改皇城使與林特李溥議更茶法四年三司上言新課增羨承規以勞加領昭州團練使大中祥符初議封泰山以掌發運使遷昭宣使長州防禦使會脩玉清昭應宮以承規爲副使祀汾陰復命督運議者以自京至河中由陸則山險具舟則湍悍承規決議水運凡百供應悉安流而達自朝陵東封及是皆酹掌大內禮成當進秩表求休致手詔敦勉

仍作七言詩賜之拜宣政使應州觀察使五年以疾求致仕俻宮使丁謂言承規領宮職藉其督轄望勿許所請第優賜告詔特眞景福殿使名以寵之班在客省使上仍改新州觀察使上作歌以賜承規以廉使月稟歸於有司乎詔襃美復定殿使奉以給之本名承珪以久疾亂瘵上爲取道家易名度厄之義改珪爲規疾甚請解務還私第聽之仍許皇城常務上印日內藏庫有剩制就取而度又再表求罷官檢校大傅左驍衛上將軍安遠軍節度觀察留後致仕七月卒年六十四廢朝贈左衞上將軍鎭江軍節度使謚曰忠肅承規事三朝以精力聞樂校簿領孜孜撫

倦自掌內藏僅三十年檢察精密動著條式又製定權衡法語在律歷志性沈毅徇公深所倚信尤好伺察人多畏之上崇瑞命修祠祀飾宮觀承規悉預聞作玉清昭應宮尤爲精麗屋室有少不中程雖金碧已具必毁而更造有司不敢計所費二聖殿塑配饗功臣特詔塑其像太宗之側承規遇事亦或寬恕鑄錢一常謫本監前後盜銅瘞地數千斤承規佯爲不納因密遣人發取還官不問其罪咸平中朱昂杜鎬編次館閣書籍錢若水修祖宗實錄其後修冊府元龜國史及編著讐校之事承規悉典領之頗好儒學喜聚書閱接文士質訪故實其有名於朝者多見禮

待或密爲延薦自寢疾惟以公家之務爲念遺奏求免賵賻詔葬上甚嗟惜之遣內臣與鴻臚典喪親爲祭文玉淸昭應宮成加贈侍中遣內侍鄧守恩就墓告祭子從愿爲西染院使舊志列仕績今移此

治平元年宋亳陳許汝蔡唐穎曹濮濟單豪泗廬壽楚杭宣洪鄂施渝州光化高郵軍大水遣使行視疏治振恤蠲其租賦英宗紀

淮東轉運副使蔣之奇以歲惡民流募人使修水利以食流者活民八萬餘溉田九千頃又請鑿龜山左肘至洪澤爲新河以避淮險自是無覆溺之患嘗薦孝子徐積每行

部必造之宋史本傳

熙寧七年十月濬真楚運河河渠志

九年正月劉瑾言揚州江都縣古鹽河高郵縣陳公塘等湖天長縣白馬塘沛塘楚州寶應縣泥港射陽港山陽縣渡塘溝龍興浦淮陰縣青州澗宿州虹縣萬安湖小河壽州安豐縣芍陂等可興置欲令逐路轉運司選官覆按從之同上

元豐八年六月庚午賜楚州孝子徐積米絹哲宗紀按元豐乃神宗紀年哲宗初登極尚未改年故仍稱元豐

元祐元年河北楚海諸州水同上

元祐間蘇軾在淮時方初冬有漁舟泊於龍興寺東橋側更闌夜靜漁人尚未寢間橋上兩人坐談一曰爾明日何往一曰往羅浮兩日便回回日作一戲法與爾看漁人心甚疑之兩日後早起往候時天宇晴霽至日午忽雷電交作煙霧濃靄晦不見人時廟前貿易之人頭髮遂起或男子髮結婦人髮或老人髮結孩稚髮百貨狼籍委地軾目擊其事因作十月十六日在楚州記所見詩

元符元年三月工部言淮南開修楚州支家河導漣水與淮通賜名通漣河 河渠志

張大盛字嘉父山陽人登元豐八年第治春秋學與蘇軾

友善建中靖國初軾還自南海首以書與錢濟明問嘉父今安在想學益不止已除春秋博士矣政和中爲司勳郎張耒作南山賦贈之見施元之注蘇詩又東坡詩題過泗上喜見張嘉父注云嘉父居泗州南山蓋山陽人而僑居泗州者山陽志遺誤之甚斷

重和元年二月前發運副使柳庭俊言眞揚楚泗高郵運河隄岸舊有斗門水牐等七十九座限制水勢常得其平比多損數詔檢計修復同上

宣和三年二月淮南盜宋江等犯淮揚軍遣將討捕又犯京東江北入楚海州界命知州張叔夜招降之徽宗紀舊志祥祲內又載宣和六年楚州民婦生髭一事攷宋史原文豐樂樓酒保朱氏子之妻楚州人忽生髭長僅六七寸云云是女

雖楚州人已從夫家居都城豈樂樓不關楚州災祥也今削之

建炎元年十一月丙申曲赦應天府亳宿揚泗楚州高郵軍 高宗紀

二年濮安懿王孫士從招潰卒實屯葵假江淮制置使賊李在犯楚州士從遣部將乘虛掩襲狃於小勝軍無紀律敗績 宗室傳

三年二月金人犯楚州守臣朱琳降 金人陷徐州知州王復死之贈資政殿學士諡壯節立廟楚州號忠烈 王復傳

洪皓爲大金通問使時淮南盜賊蹱起李成亦就招郎命知泗州以羈縻之復命皓兼淮南京東等路撫諭使俾成

以所部衛皓至南京比過淮南成方與耿堅共圍楚州責權州事賈敦詩以降敵成實持叛心皓鬭堅起義兵可撼以義遣人密諭之曰君數千里赴國家急山陽縱有罪當聽命於朝今擅攻圍名勤王實作賊爾堅意動遂强成歛兵洪皓傳

趙立徐州張益村人建炎三年叙遷忠州刺史會金左監軍昌圍楚州急通守賈敦詩欲以城降宣撫使杜充命立將所部兵往赴之且戰且行連七戰勝而後能達楚兩頰中流矢不能言以手指麾既入城休士而後拔鏃詔以立守楚州明年正月金人攻城立命徹廢屋城下然火池壯

士持長矛以待金人登城鉤取投火中金人選死士突入又搏殺之乃稍引退五月兀朮北歸以輜重假道於楚立斬其使兀朮怒乃設南北兩屯絕楚餉道立引兵出戰大破之會朝廷分鎮以立為徐州觀察使泗州漣水軍鎮撫使兼知楚州立一日擁六騎出城呼曰我鎮撫也可來接戰有兩騎將襲其背立奮一矛刺之俱墮地奪兩馬而還衆數十追其後立瞋目大呼人馬皆辟易明日金人列三隊邀戰立為三陳應之金人以鐵騎數百橫分其陳而鬬之立奮身突圍持梃左右大呼金人落馬者不知數承楚則有樊梁新開白馬三湖賊張敵萬窟穴其間立絕不與

通故楚糧道愈梗始受圍菽麥野生澤有鳧茨可采後皆盡至屑榆皮食之承州既陷楚勢益孤立遣人詣朝廷告急趙鼎遣張俊救之俊不行乃命劉光世督淮南諸鎮救楚光世將王德至承州下不用命獨岳飛僅能爲援而衆寡不敵高宗覽立奏歎曰立堅守孤城雖古名將無以踰之以書趣光世會兵者五光世訖不行金知外救絕圍益急九月攻東城立募壯士焚其梯火輒反爇立歎曰豈天未助順乎一旦風轉焚一梯立喜登磴道以觀飛礮中其首左右馳救之立曰我終不能爲國殄賊矣言訖而卒年三十有七衆巷哭以參謀官程括攝鎮撫使以守金人疑

立詐死不敢動越旬餘城始陷　金人攻楚州急岳飛屯三墪爲楚援尋抵承州三戰三捷光世等皆不敢前飛師孤力寡楚遂陷　互見趙鼎岳飛傳　十月秦檜自楚州金將撻懶軍中歸於漣水軍

紹興元年二月祝友降劉光世分其軍以友知楚州　高宗紀

夏四月劉光世復楚州　按四月光世始復楚州二月友安得知楚州邪正是遙領虛號爾

十月知承州王林禽張琪於楚州檻送行在　同上

二年五月貢揚通泰楚滁和普隆涪渝遂高郵盱眙軍富順監皆旱　五行志　九月遣潘致堯等爲金國軍前通問使十月甲辰致堯至楚州通判州事劉晏劫其禮幣奔劉豫守

臣柴春戰死高宗紀

四年九月金齊合兵自淮揚分道來犯壬申渡淮楚州守

臣樊敘棄城遁同上

五年春正月承州水砦統領仲諒復入楚州　夏秋鎮江

府常秀州江陰軍大旱廬和濠楚州爲甚五行志

六年二月授韓世忠武寧安化軍節度使京東淮東路宣

撫處置使置司楚州世忠披草萊立軍府撫集流散通商

惠工山陽遂爲重鎮劉豫兵數入寇輒爲世忠所敗時張

浚以右相視師命世忠自承楚圖淮揚劉豫方聚兵淮揚

世忠即引軍渡淮匈符離而北乘銳掩擊金人敗去尋詔

班師復歸楚州淮揚之民從而歸者以萬計三月除京東淮東宣撫處置使兼節制鎮江府仍楚州置司九月帝在平江世忠自楚州來朝七年徙屯鎮江已復留屯楚州凡世忠在楚十餘年兵僅三萬而金人不敢犯世忠在楚時世忠夫人梁氏親織箔爲屋將士有怯戰者世忠遺以巾幗設樂大宴俾婦人妝以恥之故人人奮厲及秦檜欲收三大將權拜世忠爲樞密使世忠遂以所積軍儲錢百萬貫米九十萬石酒庫十五歸之於朝

九年春金使蕭哲等至淮安議和並歸河南陝西地於金韓世忠發憤上書舉兵決戰既而伏兵洪澤鎮將殺金使不克

十一年五月詔岳飛同張俊往楚州措置邊防總韓世忠

軍還駐鎮江（岳飛傳又高宗紀略同）十月丙寅朔金人陷泗州遂陷楚州

十二年韋太后自金歸四月次燕山自東平州舟行由淸河至楚州（后妃傳）

二十六年五月丙辰蠲楚州盱眙軍民租（高宗紀）

二十八年十二月戊申蠲楚州歸附民賦役五年（同上）

金安節充送伴使至楚州金副使邪律翼奪巡檢王松馬不得鞭笞之安節遣人責翼朝廷恐生事坐削兩秩（金安節傳）

三十一年金主亮求淮漢地及指取將相近臣計事九月辛卯金國趣使臣書至楚州守臣以聞（高宗紀）十二月丙午

淮東統制王選復楚州按二十六年二十八年兩次蠲楚州民租是後未知失於何時史不具

三十二年春金人攻海州急以張子蓋為鎮江府都統往援之郎日渡江馳至楚州淮東漕臣龔濤謂之曰敵眾十倍兵力不支宜張虛聲攻淮揚使之必救則海州可解子蓋曰彼若不救將如之何乃亟趨漣水便道以進次石湫堰率精銳數千騎擊之金人大敗張俊傳

滿浦壩在城西北四里有閘魏勝守楚州時由此調運兵糧郡國利病書引嘉定志又河渠志向子諲嘗改閘為頓壩

孝宗初以陳敏戍高郵兼知軍事與金人戰射陽湖敗之

焚其舟陳敏傳

隆興二年十月辛巳金人分道渡淮劉寶棄楚州遁

乾道元年興屯田楊存中獻私田在楚州者三萬九千畝楊存中傳

四年十一月壬戌道知無爲軍徐子寅措置楚州官田招集歸正忠義人以耕孝宗紀

五年楚州盱眙軍饑五行志

六年陳敏築楚州城陳敏傳詳職官

七年梁克家請築楚州城環舟師於外邊賴以安梁克家傳

山陽舊屯軍八千雷世方乞止差鎮江一軍五千周必大

曰山陽控扼清河口若今減而後增必致敵疑揚州武鋒軍本屯山陽者不若歲撥三千與鎮江五千同戍周必大傳

淳熙三年楚州界飛蝗蔽天聲如雷逾時大雨皆死禾稼不害五行志

五年八月淮東通泰楚高郵黑鼠食苗既歲大饑五行志

六年衡永楚州高郵軍旱同上冬通泰楚州高郵軍大饑人食草木同上

十五年五月淮甸大雨水淮水溢廬濠楚州無爲安豐高郵盱眙軍皆漂廬舍田稼同上

邵囦蘭谿人教授潭州朱子帥湖南日薦其學行晚年由

楚州倅奉祠家居

十六年十月壬寅蠲楚州高郵盱眙軍民負常平米一萬四千餘石光宗紀

紹熙元年五月丙寅修楚州城光宗紀

五年八月楚和州蝗五行志

慶元元年楚州饑人食糟粕五行志十二月癸亥寘楚州弩手効用軍寧宗紀

六年建康府常潤揚楚通泰和七州江陰軍旱振之同上

嘉泰二年廣安淮安軍大亾麥五行志

朱文公墨蹟在府城隍廟寢殿內白屏六扇上書蔡邕共

一百字係蔡元定刊筆勢崛崒墨瀋如新舊志列古蹟今移此

開禧元年淮東郡國水楚州盱眙軍爲甚圮民廬害稼

二年冬金人以騎步數萬戰船五百餘艘渡淮泊楚州淮陰閒宣撫司檄畢再遇援楚除鎮江副都統制金兵七萬在楚州城下三千守淮陰糧又載糧三千艘泊大清河再遇諜知之曰敵衆十倍難以力勝可計破也乃遣統領許俊閒道趨淮陰銜枚舉火敵驚擾奔竄生禽烏古倫帥勒蒲察元奴等二十三人畢再遇傳按舊志載開禧二年金胡沙虎自清河口渡淮圍楚州卽此一事以此傳較詳故舍彼錄此

三年金人圍楚州列屯六十餘里再遇遣將分道撓擊軍

聲大振楚圍解同上二月辛未蠲兩淮被兵諸州今年租賦

紀寧宗三月丙子朔蠲兩淮被兵州郡役錢同上是年淮楚水民多溺死

嘉定三年二月庚午詔楚州武鋒軍歲給縻重錢如大軍例寧宗紀三月甲寅誅楚州渠賊胡海十一月癸巳賞楚州平賊功同上

十年四月楚州蝗五行志

十六年五月江浙淮荆蜀郡縣水平江府湖常秀池鄂楚太平州廣德軍爲甚漂民廬害稼圮城郭隄防溺死者甚衆同上

金人犯光州淮人季先沈鐸說楚州守應純之以招山東人純之令鐸遣周用和說楊友劉全李全等以其衆至先招石珪葛平楊德廣通號忠義軍珪等反斃鐸於漣水純之罷通判梁丙行守事欲省其糧使自潰珪德廣等以漣水諸軍渡淮屯南渡門焚掠幾盡詔朝廷欲和殘金貸我何地丙遣李全季先拒之不止事甚危乃授賈涉淮東提點刑獄兼楚州節制本路京東忠義人兵涉急遣傅翼諭珪等逆順禍福自以輕車抵山陽德廣等郊迎伏地請死晉以自新賈涉傳又見李全傳

李全者北海農家子能運鐵槍人號爲李鐵槍與兄福聚

衆數千抄掠山東楊安兒妹四娘子狡悍善騎射安兒兵敗死餘黨奉之曰姑姑掠食至磨旗山李全以其衆附之因與私通遂以爲夫出沒島嶼寶貨山積而不得食謀定十年間楚州給山東歸正人忠義糧遂率衆來歸粢以職功授節度使益驕悍有輕諸將心南遊金山作佛事以薦國殤知鎮江府喬行簡方冊迎全大合樂以享之歸語其徒曰江南佳麗無比須與若等一到始造舩艤船謀舟楫之利初淮西都統許國欲傾淮東制置使賈涉而代之數言李全必反及賈涉卒會召許國入對國疏全姦謀益深反狀已著非有豪傑不能消弭遂易國文階爲淮東安撫

制置使乘知楚州命下聞者驚愕淮東參幕徐晞稷雅意建閫及聞國用乃注釋國疏以寄全全不樂許國至鎮時全方在青州全妻楊氏郊迓國辭不見楊慙而歸國既視事痛抑北軍犒賞十損八九全致書於國國誇於衆曰全仰我豢育我略示威即奔走不暇矣全告將校曰我不參制閫則曲在我今不計生死必往遂還楚州上謁賀許戒全曰節使當庭參制使必免禮及庭趨國端坐納全拜不爲止全退怒曰全歸本朝拜人多矣但恨汝非文臣本與我等汝向以淮西都統謁賈制帥亦免汝拜汝有何勋業一旦位我上更不相假借邪國繼設盛筵宴全全終不樂

既而全欲往青州恐國苛留自計曰彼所爭者拜耳拜而得志吾何靳焉更折節爲禮動息必請得請必拜國大喜語家人曰吾折服此虜矣全往青州國集兩淮馬步軍十三萬大閱楚城外以挫北人之心楊氏及軍校叛者懼其誅已丙自爲備全至青州使劉慶福還楚州爲亂計議官苟夢玉知之以告國國曰但使反反即殺我我豈文儒不知兵者邪夢玉懼復告慶福曰制使欲圖汝寶慶元年二月國晨起視事忽露刃充庭國厲聲曰不得無禮矣已及額流血被面而走亂兵恐害其家大縱火焚官寺兩司耆積盡爲賊有親兵數十人翼國登樓縋城走賊擁通判姚

獅入城犒兩軍使歸營明日國縊於途事聞史彌遠慮激他變以徐晞稷嘗倅楚守海得全歡心乃授晞稷制寘使令屈意撫全全聞國死自青還楚上表待罪朝廷不問晞稷至楚全及門下馬謁晞稷於庭晞稷降等止之賊衆乃悅晞稷以恩府稱全恩堂稱楊氏全復至青州爲蒙古所圍宋人間之稍欲圖全以晞稷畏懦使劉琸代之琸至楚州心知不能制賊惟以鎮江兵三萬自隨盱眙忠義夏全請從琸素畏其狡不許知盱眙彭㤞曰琸止夏全是欲貽患盱眙琸猶憚夏全我何能用乃激夏全曰楚城賊黨不滿三千健將又在山東劉制使圖之收功在旦夕太尉盍

不往赴事會夏全忻然帥兵徑入楚城時青亦自淮陰入
屯城內琸駭懼復就二人謀時傳李全已死琸令夏全盛
陳兵楚城李全之黨震恐楊氏使人行成於夏全曰將軍
非山東歸附耶兔死狐悲李氏滅夏氏寧獨存願將軍垂
盼全諾楊氏盛飾出迎與按行營壘曰人傳三哥死吾一
婦人安能自立便當事太尉爲夫子女玉帛干戈倉廩惟
太尉有望即領此誠無多言夏心動乃置酒歡甚飲酣就
寢如歸轉仇爲好反與楊氏謀逐琸遂圍楚州治焚官民
舍殺守藏吏取貨物時琸精兵尚萬人窘束不能發一令
夜半縋城僅以身免鎮江軍與賊戰死者大半將校多死

夏全既逐琸暮歸李全營楊氏拒不納全恐楊氏圖己大掠趨盱眙朝廷以姚翀爲淮東制置使翀至楚城東艤舟以治事閉入城見楊氏用徐晞稷故事而禮過之楊氏許翀入城翀乃入寄治僧寺中極意娛之李全在青州被圍一年降於蒙古劉慶福在山陽自知已爲亂階欲圖李福以贖罪福知之亦謀殺慶福一日福僞稱疾不出旬餘慶福往候之福乃躍起拔刀刺慶福慶福走左右殺之福以慶福首納於姚翀翀大喜幕友杜耒曰慶福首酖一世姦雄今頭乃落措大手邪時楚州自夏全亂後儲積無餘餉運不繼賊黨藉藉謂福所致福畏衆口數見翀促之翀答

以朝廷撥降未下福乘衆怒與全妻楊氏謀召翀飲翀至而楊不出就坐賓次左右𣗥去福以翀命召諸幕客以楊氏命召翀二妾諸幕客知有變不得已而往杜未至八字橋福兵腰斬之翀去鬚鬢縋城夜走朝廷以淮亂相仍不復建閫就以其帥楊紹雲兼制置使改楚州爲淮安軍命通判張國明權守視之若羈縻州然全黨以錢糧不繼屢有怨言全將國安用閻通及張林邢德王義深五人私相謂曰朝廷不降錢糧爲有反者未除耳乃共議殺李福及全妻楊氏以獻遂帥衆趨楊氏家福走出邢德手刃之相嗇數百人有郭統制者殺全次子及全妾劉氏函其首獻

於楊紹雲紹雲馳送臨安朝廷大喜詔彭忭及時青往楚州盡殺李全餘黨青恐慨及密遣人報全於青州全得報痛哭告蒙古大將乞南還不許斷一指示之誓還南必叛楊紹雲聞其至亟揚州不還王義深奔金國安用殺張林邢德以贖郭統制亦爲全所殺全自還楚厚募人爲兵大造舟船自淮及海口相望時時試舟射陽湖及海岸遣軍士潛入京師皇城縱火焚御前軍器庫先朝兵仗盡喪分兵攻通泰襲鹽城朝廷授以節鉞不受造舟益急至伐塚櫬板煉鐵錢爲釘熬四脂擣油灰招沿海亾命爲水手邀朝廷求增五千人錢糧求誓書鐵券朝廷猶遣餉不絕他

軍士見者曰朝廷惟恐賊不飽我曹何力殺賊射陽湖人至有養北賊戕淮民之語聞者太息又造浮橋於喻口以便鹽城往來紹定三年十二月全入泰州悉衆攻揚州趙范趙葵擊敗之明年正月復大敗之全趨新塘陷淖中不能自拔制勇軍追及脔長槍亂刺之碎其屍并殺其將校三十餘人五月趙范趙葵復楚州殺賊萬計焚二千餘家城中哭聲震天未幾五城盡破五城不知所指斬首數千燒砦柵萬餘家淮北賊歸赴援舟師又剿擊之焚其水柵夷五城餘址全子才等移砦西門與賊大戰又破之楊氏曰二十餘年梨花槍天下無敵手今事勢已去撑拄不行遂祀淮

而去淮安遂平（李全傳舊志載此頗嫌脫略原傳又苦稍繁今從山陽志遺載錄）

寶慶元年二月丙辰楚州火（理宗紀按此即李全所縱火也）

黄師雍字子敬福州人寶慶二年進士詔爲楚州官屬出盜賊白刃之衝不畏不懾李全反狀已露師雍密結忠義軍別部都統時青圖之謀泄全殺青師雍不爲動全亦不加害秩滿朝議褒異（黄師雍傳）

紹定元年以平楚州叛寇劉慶福功進趙善湘龍圖閣待制四年轉江淮安撫制置使五年復泰州淮安州鹽城淮陰縣四城及策應京湖功進端明殿學士（趙善湘傳）

丁從龍泰寧人紹定間率鄉兵擊賊有功授忠義郎領兵

淮安攻破土城克復其地授忠翊郎

景定元年六月丁酉朔夏貴奏淮安戰功理宗紀九月戊子

李松壽犯淮安同上按松壽李全子後改名璮

耿世安爲淮東副總管兩淮都撥發官諜報元兵至制置使賈似道調世安提兵往漣水軍增戍世安徑迎至漁溝以三百騎戰死事聞贈五官立廟淮安賜額忠武耿世安傳

羅森者淮安醫生也淮帥李錡有子患背瘡郡醫畏帥之暴不敢治召森治之許以千金爲酬森爲之内外敷治神氣頓爽其子素好色一夕與侍婢狎瘡復黑陷數日而死帥性嗜殺痛悼其子竟榜笞殺森森子曰愈痛父死於非

命懐利刃欲往刺帥帥出入侍衛甚嚴計不能得乃盡棄其田園知帥爲開封人遂潛至開封聞帥父好方術覓長生不死之藥曰俞素習父方更往嵩山道士學驅遣鬼神之術吐納導引之方賃居帥父之旁賣藥治病符水禁邪出入變幻不測帥父聞之果召曰俞曰俞年方三十許大言已百歲帥父喜奉千金爲壽跪而請爲弟子曰俞佯不許固請乃可却其金遂令帥父入山覓靜室遣僮僕戒七日來一候夜半以鴆酒進曰服此七七日仙丹妙寶隨意自得金仙下降可開導玄功帥父叩頭跪受而飲須臾氣絕曰俞斷其首題壁而去七日家僮至見之馳報帥帥伏

地號哭亦自殺見山陽志遺

鄭桂山陽人貢士知縉雲縣多惠政歿而縉雲人爲立祠

恩祠每歲時祭祀甚著靈異

呂升字德升淮安人事父至孝母歿父年且百歲升遂不入私室與父同寢處每飯供飪肉務極糜爛出入跬步必隨父便溺不時升夜常四五起遭元兵亂負父避鵰鶚山出覘賊爲所獲知其孝子也善視之與飲食輒泣下不入口賊亦憐之令升歌升爲靑天歌浩浩歌歌已輒泣夜令挈刁斗升爲思父歌賊感動縱之歸升夜行晝伏凡三晝夜還家相視大哭出其足棘刺一握升圃有美杏父所嗜

也鄉豪竊之並奪其地并爲文諭諸神豪忽疽發於背夢神謂之曰還孝子地乃已豪妻子匍匐叩門還其地疽乃愈見山陽志遺

金大定四年當宋隆興二年徒單克寧出軍楚泗之間與宋將魏勝相距於楚州之十八里口勝以兵四萬屯淮陰南岸遏河之閒克寧使斜卯和尙進至淮口宋兵來拒矢石俱發斜卯和尙以竹編籬捍矢石師遂入淮與宋兵奪渡口敗其津口兵五百人餘衆皆濟宋兵四百餘自清口來克寧與扎也銀术可禦之自旦至午宋兵敗踰運河爲陳克寧以猛安賽剌九十騎橫擊之宋兵大敗追至楚州射殺魏

勝遂取楚州及淮陰縣（徒單克寧傳）宗道承安中（當宋慶元中）爲河南路統軍使泗州民張偉獲宋人王萬言爲偵探宗道疑其寃廉問得實萬楚州賈人偉負萬貨五千餘貫三年不償萬索貨爲偉所誣乃坐偉而歸萬時人服其明（宗道傳）

泰和六年（當宋開禧二年）伐宋紇石烈執中（即胡沙虎）率兵二萬出清口克淮陰遂圍楚州（紇石烈執中傳）

正大三年（當宋寶慶二年）夏全自楚州來歸楚州王義深張惠范成進以城降封四人爲郡王改楚州爲平淮府（哀宗紀）

四年李全據楚州以淮南王招全不至八年（當宋紹定四年）楊妙

眞以夫李全死於宋構浮橋於楚州之北就元舊作北師與金爲嫌今改作元乞師朝廷覘知之謂元軍渡淮與河南跬步遣合達蒲阿駐軍桃源界滾河口備之二相屢以兵少爲言而省院難之上遣白華傳諭二相不悅蒲阿遣小船令華順河而下必到八里莊城門爲期且曰此中望八里莊如在雲閒天上省院端坐徒事口吻今樞判親來可以相視可否歸而奏之華辭不獲遂登舟及淮與河合流處纔與八里莊城門相值城守者以大船五十溯流而上占其上流以截歸路幾不得還昏黑得徑先歸乃悟兩省怒朝廷不益軍皆華輩主之故擠之險地耳是夜八里莊次將遣人送

款云早閉主將出城截路某等議主將還即閉門不納渠已奔楚州乞發軍接應二一相即發兵船赴約明旦入城又知楚州大軍已還宋將燒浮橋二一相附華入奏上大喜初合達誅取宋淮陰五月渡淮淮陰主者胡路鈐往楚州提正官郭恩送款於金胡還不納合達遂入淮陰詔改歸州以行省烏古論葉里哥守之郭恩爲元帥右都監白華傳哀宗紀略同惟紀改入里莊爲鎮淮府傳改淮陰爲歸州互有出入未詳其故

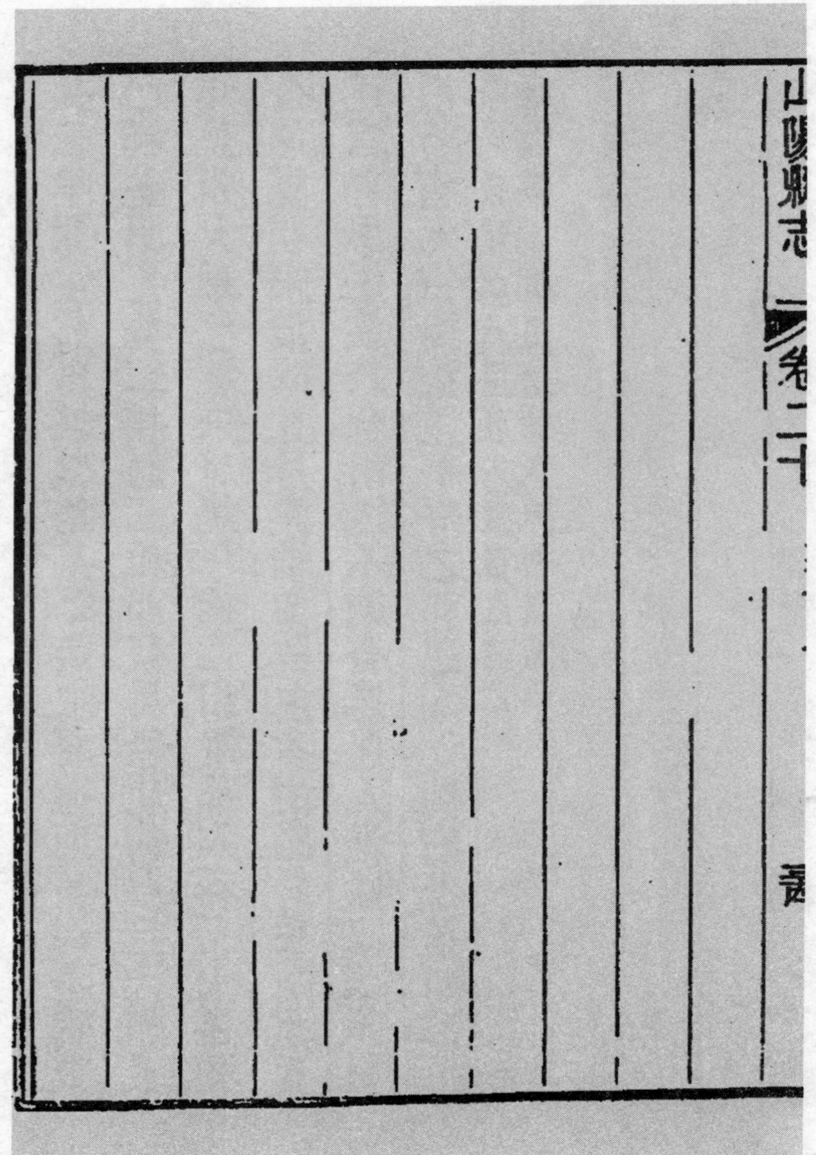

山陽縣志卷二十一

雜記二

元太祖二十二年（當宋寶慶三年）宋將李全陷益都執元帥張琳送楚州全尋降以爲山東淮南行省（木華黎傳）

至元十年（當宋咸淳九年）博羅歡伐宋軍下邳召將佐曰清河城小而固與招信淮安泗州爲犄角未易拔海州東海石湫遠在數百里外不嚴備倍道襲之其將可禽也師至三城果下清河亦降進軍拔淮安南堡戰白馬湖（博羅歡傳）

十一年丞相伯顏伐宋調淮東都元帥孛魯歡副元帥阿里伯以所部瀕淮而進九月戊寅會師淮安城下射書城

中諭守將使降不聽庚辰招討別里迷失拒北門西門伯顏與索魯歡臨南城堡揮諸將長驅而登拔之潰兵欲奔大城追襲至城門斬首數百級遂平南堡（伯顏傳）怯怯里從丞相伯顏渡淮率千騎攻淮安南門破之（怯怯里傳）伯顏以宋兵力多聚兩淮命右指揮使禿滿歹率輕銳二萬攻淮安以牽制之洪君祥以蒙古漢軍都鎮撫從行攻淸河從克淮安（洪君祥傳）賀祉從攻高郵寶應戰淮安城下尸塡壕中加宣武將軍鎮新城絕淮安寶應糧道降之（賀祉傳）劉通領兵巡邏泗州至淮河九里灣遇宋軍奪其船十二年與宋安撫朱煥戰於淸河敗之九月攻淮安有功（劉通傳按此皆一時事諸傳皆

作十一年克淮安通傳獨作十二年攻淮安誤也

十二年四月立漣州新城清河三驛九月賞清河新城戰士及死事者銀千兩鈔百錠世祖紀

二十年罷淮安等處淘金惟計戶取金同上

二十二年江浙左丞鄭溫以新附漢軍萬五千於淮安雲山泉塘立屯田鄭溫傳

二十六年省江淮屯田打捕提舉司七所存者徐邳海揚州兩淮淮安高郵招信安豐鎮巢蘄黃魚網石湫十三所世祖紀

至元中黃河決泰不華奉詔以圭玉白馬祭河神竣事上

言淮安以東河入海處宜仿宋寘撩清夫用混江龍鐵杷撼蕩沙泥隨潮入海朝廷從其言泰不華傳

大德元年揚州淮安旱成宗紀

三年揚州淮安旱免其田租同上十二月淮安饑同上

六年淮安蝗同上

九年淮安山陽水蠲其田租同上

至大元年淮安等處饑以兩浙鹽引十萬買粟振之武宗紀

淮安蝗同上

延祐元年遣官浚揚州淮安等處運河仁宗紀

四年淮安大水同上

至治元年淮安路鹽城山陽水免其租英宗紀

二年淮安屬縣旱免其租同上

泰定三年淮安蝗五行志四年淮安路饑振之泰定帝紀淮安大雨雹同上

天歷二年以淮安鹽城山陽諸縣去年水免今年田租明宗紀

淮安屬縣蝗蝻五行志

至順元年淮安路蝗文宗紀

二年淮安山陽去歲水災免其田租同上

元統二年淮河漲淮安路山陽縣滿浦淸岡等處民畜房舍多漂溺順帝紀

後至元元年淮安清河山陽等縣水五行志

五年淮安路山陽縣饑振鈔二千五百錠給糧兩月順帝紀

至正十二年立淮南江北等處行省於揚州以趙璉參知院事旣至分省鎮淮安後移眞泰爲張士誠所殺趙璉傳

十三年以敕牒二十道鈔五萬錠給淮南行省平章政事達世帖睦邇於淮南淮北等處召募壯丁并總領漢軍蒙古守禦淮安順帝紀

十四年削太師右丞相脫脫官爵安寘於淮安路同上

石普字元周徐州人以十二年從脫脫平徐州功遷兵部主事升樞密院都事守淮安攻高郵力戰死石普傳

十七年趙君用及彭大之子早住同據淮安趙稱永義王彭稱魯淮王（順帝紀）

二十五年泰通高郵淮安徐宿泗濠安豐諸郡皆爲張士誠所據（同上）劉翠翠淮安民家女與金定同年同學私約爲昏張士誠兵至翠翠爲所掠金訪見之相持慟哭俱死有詩在衣領中（見山陽志遺引宮閨小名錄）

二十六年明徐達常遇春克淮安張士誠將梅思祖出降明辪祥字彥祥無爲人洪武元年授京畿都轉運使分司淮安濬河築隄自揚達濟數百里徭役均平民無怨言有勞者立奏授以官元都下官民南遷者道經淮安祥多方

存卹山陽海州民亂駙馬都尉黃琛捕治註誤甚衆詳悉原之治淮八年民相勸爲善及考滿還京皆焚香祝其再來或肖像祀之歷工部尚書辥祥傳

洪武二一年淮安獻瑞麥太祖紀

九年免淮安租賦

建文三年駙馬都尉梅殷充鎮守淮安總兵官及燕師日逼悉心防禦號令嚴明燕王使假道於殷以進香爲名殷答曰進香皇考有禁不遵者爲不孝王怒復書言天命有歸非人所能阻殷割使者耳鼻縱之曰留汝口爲殿下言君臣大義王爲氣阻乃涉泗出天長取道揚州舊志作建文四年殷

錄淮安今據明史改正

永樂元年用戶部尚書郁新言用淮船受三百石以上者道淮及沙河抵陳州潁岐口跌坡別以巨舟入黃河抵八柳樹車運赴衛河輸北邊海運用官軍餘皆民運淮徐臨清德州各有倉江西湖廣浙江民運至淮安倉分遣官軍就近輓運自淮至徐以浙直軍自徐至德以京衛軍自德至通以山東河南軍食貨志是歲免淮安租一年成祖紀

八年免去年淮安水災田贖軍民所鬻子女同上

十二年發山東西河南鳳陽淮安徐邳民十五萬運糧赴宣府同上

丁珏山陽人永樂四年里社賽神誣以聚衆謀不軌死者數十人擢珏刑部給事中居官十年貪黷不顧廉恥母喪未期起復視事爲御史俞信等所劾論大不敬當死謫戍邀舊志列入仕績且言珏有澄清天下之志宣廟時以人材徵授監察御史奸臣紀綱竊權亂政珏首劾之朝廷肅然改給事中以言事謫戍雲南云云其雜記中又引永樂實録稱珏素無行不爲鄉人所齒及誣告得官母喪起復事參互并見無所可否則是一書之中已自相矛盾矣今從明史附記於此

二十一年山東巡撫陳濟言淮安濟寧東昌臨清德州直沽商販所聚其商稅宜遣人監榷一年以爲定額從之食貨志

虞謙字伯益金壇人永樂間爲右副都御史嘗曰爲臣之

道愛君愛民二者而已奉命巡視淮安疏民疾苦請發廩振貸贖還所鬻子女明史本傳

洪熙元年夏四月帝聞淮徐民乏食有司徵夏稅方急乃御西角門召大學士楊士奇草詔免夏稅及秋糧之半仁宗紀

宣德四年以鈔法不通由商居貨不稅由是於京省商賈輳集地市鎮店肆門攤稅課增舊凡五倍悉令納鈔鈔關之設自此始於是有淮安揚州滸墅諸鈔關同上

九年淮安饑宣宗紀

十年淮安蝗同上

正統二年五月大雨水深數尺城內行舟損房屋無算禾苗蕩然

七年命大臣分巡天下有蝗處通政司右參議王錫命往淮安（見山陽志遺）

景泰二年始設漕運總督於淮安與總兵參將同理漕事漕司領十二總十二萬軍與京操十二營軍相準初宣宗令運糧總兵官巡撫侍郎歲八月赴京會議明年漕運事宜及設總督竝令總督赴京萬歷十八年後始免凡歲正月總督巡揚州經理瓜淮過閘總兵駐徐邳督過洪入閘同理漕參政兗押赴京趲運則有御史郎中押運則有參

政監兌理刑筦洪筦閘筦泉監倉則有主事淸江衛河有提舉兌舉過淮過洪巡撫漕司河道各以職掌奏報有司米不備衛船不備過淮誤期者責在巡撫米具船備不即驗放非河梗而押幫停泊過洪誤期因而漂凍者責在漕司船糧依限河渠淤淺疏濬無法閘座啟閉失時不得過洪抵灣者責在河道食貨志是年蘇州淮安諸郡雪民凍餓死相枕儀智傳

三年兩淮大水河決免稅糧景帝紀命陳泰督治河道自儀眞至淮安濬渠八十里塞決口九築壩三役六萬人數日而畢陳泰傳

四年發淮徐倉振饑民發淮安倉振鳳陽景帝紀都御史陳泰一濬淮揚漕河築口賓塌河渠志

五年淮安府奏盜劫山陽等處詔吏部尚書王文設法撫捕見山陽志遺

成化四年秋旱蝗有司捕之愈熾太守楊景親詣蝗所齋戒致祀翌日大雨蝗盡死歲大稔

二十一年敕工部侍郎杜謙浚運河自通州至淮揚河渠志

弘治六年冬大雪六十日獸華幾絕大寒凝海

正德五年流賊楊虎寇宿遷官兵失利淮安郡守劉祥縣丞利儉俱爲賊所虜有沭陽秀才沈麒者直入賊營罵陳

利害賦感悟釋守與丞使歸御史汪㫤貴言於朝表麒門
見山陽志遺舊志僅言劉祥被執而不及沈麒事今備載於此遣禮科給事中陳鼎往淮
安變賣平江伯陳熊産得銀萬一千四百兩有奇八年熊
卒其母袁氏奏諫乃盡給還

六年總督漕運御史陶琰奏淮安贑榆等處盜賊蠭起乞
處賓兵食戶部請以鹽銀十萬兩及本年鈔關所入以給
之又言淮民造麴者一歲所糜麥無慮數十萬石請權時
禁之詔許給銀兩而罷禁麴之議見山陽志遺清河口至褌浦

黃河清三日武帝紀

八年自河口至劉伶臺黃河清凡五日按疑即上武宗紀所載一事明史在

六年舊志在八年數雜之誤爾是年旱蝗

十年大旱

十二年夏霖雨不止城內行船

十四年帝自將征宸濠十一月至淸江浦幸太監張陽第時巡幸所至捕得魚鳥分賜左右受一臠一毛者各獻金帛爲謝至是漁於淸江浦絫日臣僚迎送雜沓皆戎服徒行無復貴賤江彬肆意徵索考縛有司不異奴隸又矯旨遣官校四出索民間鷹犬古器近淮三百里間無得免者二十二日壬子冬至扈從及撫按等官稱賀於張陽宅二十四日甲寅至淮安屏侍從徒步入城幸總兵官顧仕隆

第二十七日至寶應見山陽志遺較明史爲詳故錄之是年淮揚饑人相食武宗紀

十五年八月帝旋蹕九月七日駐淮安都御史叢蘭宅總兵官顧仕隆等進賀功金牌花紅彩帳帝戎服簪花鼓吹入城過山陽縣學入覩廟廡肖像復入教官宅取資治通鑑等書以出有司治故尚書金濂第以俟臨幸是夜止濂第癸亥重陽節左右競進菊花旗牌官緣此責收於民城中大擾丙寅至清江浦幸張陽宅踰三日自泛小舟漁於積水池舟覆溺焉左右大恐爭入水扶掖之遂不豫見山陽志遺

是年大水

十六年大水舟楫通於舊城南市橋同上

嘉靖元年倭自廟子灣海口登岸由馬邏建義直至郡城東之櫻桃園殺軍民男婦無算一酋身長九尺頭大如瓮手揮雙刀銃箭不能入大河衞蕭指揮蘇千戶皆亾於陳漕撫李燧先設伏於榆浦灣又掘阬塹數百於姚家蕩然後出兵禦之火礮具舉賊退至榆浦灣伏起長驅至姚家蕩過阬輒仆倭足不甚捷既仆不能即起因盡殲其衆即阬內埋之築土城京觀名曰倭墩居民建報功祠見山陽志遺按嘉靖元年漕撫爲俞諫又明職官中無李燧破倭寇者爲淮揚巡撫李遂其事在三十八年非元年豈作者一時誤記邪識之以俟考

二年夏大旱秋大水冬大疫人相食

三年振淮揚饑世宗紀

三十一年河淮大溢

三十二年侍郎吴鵬振淮安水灾

三十四年淮水溢　十月倭數千人自日照流劫至淮安時邑人沈坤方家居檄貲募鄉兵千餘屯城外倭縱火焚燒官兵却坤率衆力戰身犯矢石射中其酋倭始退

三十六年五月倭寇淮安府諸縣沈坤率鄉兵悉力會戰大破之

李遂字邦良豐城人進士嘉靖三十六年倭擾江北廷議

以督漕都御史兼巡撫不暇辦寇請特設巡撫乃命遂以右僉都御史撫淮揚四府駐泰州時淮揚三中倭歲復大水遂請餉增兵次第晝戰守計三十八年四月倭數百艘寇海門遂語諸將曰賊趨如臯其衆必合合則侵犯之路有三由泰州逼天長鳳泗陵寢震驚矣由黃橋逼瓜儀以搖南都運道梗矣若從富安沿海東至廟灣則絶地也乃命將扼如臯而身馳泰州當其衝賊知有備沿海東掠遂喜曰賊無能爲矣遂致賊廟灣復慮賊突淮安乃夜半馳入城賊尋至遂督諸將禦之姚家蕩通政唐順之副總兵劉顯來援追奔至新河口焚斬甚衆賊以餘衆保廟灣攻

之月餘不克遂塞塹夷木壓壘陳火焚其舟賊乘夜雨潛遁官軍擣其巢追奔至蝦子港江北倭悉平本傳按本紀是時破倭者又有副使劉景韶

三十八年旱民饑

范檟嘉靖中守淮安時景王出藩大盜謀劫之布黨自天津至鄱陽分徒五百人往來伺察一日晚衙罷門卒報有貴客僦潘氏園寓眷屬從者甚衆而更出入問有傳牌乎曰無檟疑爲盜陰遣健卒易衣如莊農覘其徒入肆陽與飲挑與鬬則相搏以來卒既去乃命輿謁客過坊肆搏者前辭卽收之比返得十七人陽怒曰王舟方至官司不暇

食遑問闞平令就繫夜半出四於庭叱之曰汝輩謂官府當出迎王欲乘機爲亂吾久知之徒送死耳皆叩頭首服往捕盜首已遁去其孥妓也於是飛騎報揚徐將吏而繫十七人於獄餘賊械去又民家子徐柏及昏而失之父訴於官櫝曰臨昏不遠游是見殺邪父曰兒有力人不能殺也久之莫決一夕秉燭坐有濡衣臂兩甓僂而趨詫曰是柏魂也而繫甓水死耳明日問左右何池沼最深吾欲往游對曰某寺遂往指池曰徐柏死在是網之不得將還忽泡起復下獲焉召其父視之柏也而莫知誰殺一日下令曰今亂初已吾欲簡健者爲快手選覓視一人反袂胝而

覩之血漬焉呵曰汝何殺人曰前陳上淝亘欑曰殺倭在夏秋豈霈禊殺徐柏汝也果首伏時稱神識舊郡志

隆慶二年振淮徐饑穆宗紀

三年淮水溢自清河至淮安城西淤三十餘里决禮信二壩出海河渠志

四年自泰山廟至七里溝淮河淤淺十餘里其水從朱家溝旁出至清河縣河南鎮以合於黃河同上山陽志遺載邑人胡效謨淮安大水記略云淮安自嘉靖庚戌以來比年大水至隆慶己巳歲爲最大其年六月山東諸泉及鳳泗山水大發合河與淮水高丈五六尺由通濟牐建瓴入因而河淮不歸於海山安入海故道縮爲一綫海口將閉高堰遂鼓故西橋通津橋歛處水亦涌起高於街四五尺懸注以入凡所經溝渠皆淤爲洲所過街市房廊兩旁堆沙三四尺晚閉曉

塞鄉聚屋低者水壓其攏高者門未沒尺許人皆穴屋椽梁上或乘桴偃臥出入稍不戒隨浪旋沒後六月七日甲子立秋大風雨不止驚浪動天覆舟傾屋人畜流屍相枕自山桃清安沭邳海贛宿睢旁及泗虹幅員千里所沒田地七萬餘頃湖蕩不與焉時淮安兩城水閘皆閉城內堅築土壩外水固不得入城中雨水積已五尺餘城外水高於城內屋脊夜靜水聲洶洶在梁棟閒八月十八日大震電一夜城中水深七尺煙火盡絕明年庚午五月河淮水又大發較己巳又加三尺黃浦決噴注於鹽城旁及寶興高泰四際無涯至六七月地上之水與淮河爲一云按己巳庚午正隆慶三四年事今並錄之

五年秋水旬日不退知府陳文燭禱於神是夜遂退建柳將軍廟於西門外

萬歷元年旱復大水淮水暴發民多溺死　是年振淮安水災 神宗紀

二年秋烈風發屋拔木暴雨如注淮決高家堰高郵湖決清水潭漂溺男婦無數淮城幾沒知府邵元哲開菊花潭以洩淮安高寶三城之水東方芻米稍通彙采河渠志及舊志是年振淮徐揚水災神宗紀邵元哲修築淮安長隄及疏鹽城石䃮口下流入海河渠志

三年六月霖雨不止河淮並漲匯而爲一居民結筏浮箔采蘆心草根以食詔祭淮揚二府有司貪酷老疾者罷之免被水田租彙采神宗紀及舊志

四年戶科給事中周良寅奏請疏通錢法部議通行天下一體鼓鑄十二月巡撫吳桂芳巡按邵陛言江北四府三

州若各府立局開鑄則關防疏漏奸弊易生淮安府南北適中又巡撫駐劄之地於此開局鼓鑄爲便先借淮安府庫銀八萬兩收買銅斤選得府境老君堂廢址一區四面臨水中有廢殿門廊堪以改建遂於五年春建局鑄錢至十一年戶部具題請暫行停止見山陽志遺引兩朝實錄備草

五年漕河侍郎陳桂芳與知府邵元哲增築山陽長隄自版閘至黃浦亙七十里閘通濟閘不用而建興文閘且修新莊諸閘築清江浦南隄刱版閘漕隄南北與新舊隄相接版閘卽故移風閘也隄閘竝修淮揚漕道漸固河渠志是年詔鳳陽淮安力舉營田神宗紀

六年總理河漕都御史潘季馴築高家堰及清江浦柳浦灣以東加築禮智二壩又坼新莊閘而建通濟閘於甘羅城南河渠志

七年免淮揚逋賦神宗紀

九年霪雨冰雹傷禾　振淮安災戶神宗紀

十一年夏蝗大水

十四年正月元旦黑霧障天狂風折木夏大雨河漲民飢

五月河決郡城東范家口徑鹽城縣田廬沈沒山陽志遺作十三年

十五年夏大旱蝗草木皆空

十七年大旱自二月入夏不雨二麥皆枯

十八年春大旱四月十三日後大風雨淮漲禾麥漂沒

十九年夏五月恆雨六月二十七日至七月初三日暴風霪雨淮湖漲清水潭決山陽隄決平地水深丈餘彙采河渠志及舊志

二十二年五月霪雨不止六七月大旱十一月黃河清百餘日　詔以直省災荒淮徐尤甚盜賊四起有司玩愒自今以安民弭盜爲撫按有司黜陟神宗紀

二十七年縣民陳某妻徐氏產一猴長尺餘又二鼠長八寸能噭躍又脾骨一鞫婦驚死

二十八年六月雨雹河決黃堌口

二十九年自春入夏霪雨連緜禾麥盡没

三十年三四月冰雹霖雨秋河淮各山水俱漲田廬禾畜漂没歲大饑

三十一年夏五月霪雨晝夜三旬不止水溢米貴人多疫死

三十三年三四月大風雨城市皆水房舍多傾夏秋大旱禾稼不登

三十五年春大旱夏秋大水

三十六年旱多火灾

三十七年正月雷雪五月雨後城隍廟内椿樹自火

三十八年五月飛蝗蔽天六月大水湖西民家豬生象

四十三年春夏大旱麥盡枯秋大水

四十四年正月十四日天妃祠內戌時鐘自鳴是歲飛蝗蔽天　淮徐大饑蠲振有差神宗紀

四十八年七月大風雨雷火覓天焚指揮蔡寬屋及舊城南門城樓冬雷電

衞可徵一作可徵山陽人萬歷十五年爲高淳訓導喜古文詞工大小書法見山陽志遺

倪冕山陽人任延平府通判以隨征失機降邊遠雜職戶部奏冕在任恭勤惠愛深得民心隨征閩寇屢立奇功乞

復其職從之同上不知其年姑附於此

天啟元年淮黃漲溢決裹河王公祠淮安知府宋統殷山陽知縣練國事力塞之河渠志按舊志是年運河二鋪隄決王公祠當即在二鋪邪

四年冬旱

五年春旱河井乾涸火災凡五十六

六年旱蝗害稼七月大風雨兩晝夜藪屋拔木河決匙頭灣倒流入駱馬湖自四年至是凡三歲歲歉民流

崇禎元年七月西門舊有石敢當忽人語爲人言禍福甚驗民皆賽禱之太守連某過之問其故叱曰此石鬼也立命仆而碎之有血光微微而滅由是寂然見山陽志遺按知府無連姓崇

禎初推官王用予有毀石觀音事或即此事而誤傳之與

四五六年黃淮交潰決蘇家觜新隄頻年大水

八年國事日蹙帝思不次用人大開言路山陽三科武舉陳啟新伺上意旨伏闕上疏陳天下三大病根纍纍五千言內云士子作文高談孝弟仁義及服官恣行奸慝此科目之病也嘉靖時三途用人今惟一途舉貢不得至顯官一舉進士橫行放誕此資格之病也舊制給事御史教官得為之其後途稍隘而舉人推官知縣猶與其列今惟以進士選彼受任時先以給事御史自待監司郡守奉承不暇剝下虐民恣其所為此行取考選之病也請停科目以

絀虛文舉孝廉以崇實行罷行取考選以除積橫之習而議災傷田賦以蘇民困專拜大將俾得節制有司未云病根不除盜賊不息不以皇上之天下斷送於章句腐儒之手不止也奉疏跪正陽門三日中官取以進帝大喜奉旨陳啟新敢言可嘉著授吏科給事中如有擠排傾害者重究不貸命下舉朝震駭到官之日台垣不與爲禮後屢遷兵科左給事中碌碌無寸長惟敝車羸馬與衆進退而已吏部侍郎劉宗周御史詹爾選給事中房之騏先後論之帝皆不究十年新安衛千戶楊光先疏奏啟新有云鄙夫既得患失心生稱說利害口與心違所指諸大病根今

當首申前議以拯斯民何受事以來絕無一字談及當日身居局外自謂旁觀最淸一入局中頓然鵠突如啟新不知病源是謂不智知而不言是謂不忠竝及其徇私納賄狀啟新疏辨有旨責其軍國大事竟無一言陳奏降二級照舊供職工部主事朱國壽疏參啟新不聽十二年御史王聚奎劾啟新緘默溺職帝怒謫聚奎十三年三月啟新奉命封藩便道旋里其妻高氏病劇未及城而亾匿之入城次日始發喪啟新還里布衣敝冠步行街市徧謁鄉里自漕撫以下每日到門惟山陽尹劉景焯止於初至一見足迹不再至其門啟新深銜之十月啟新復命還朝首參

劉令貪酷十五年八月啟新以母喪還里郡守王昌時謁啟新啟新欲以屬吏禮待之昌時不為屈啟新怒甚思有以中之會啟新妻姪高某應童子試屬郡守必欲冠軍昌時不可欲發其事啟新懼其事遂寢昌時亦即移疾去御史倫之楷論其請托受賕還鄉驕横御史姜埰李端和等繼之劾其不忠不孝大奸大詐煽惑國政播亂是非乃詔削啟新籍撫按追贓擬罪啟新杜門藏匿淮撫史可法緝之啟新夜半潛遁國變後不知所終見明史姜埰傳

九年十月新城東門民家雌雞化為雄山陽志遺

十一年三月城內喧傳大頭鬼至日方落時街市絕無人

行夏曰瑚移居南市橋宅內見之晝夜騷然同上

十三年正月六日天氣蒸熱如夏夜震雷大雨次日大風雨雹俄大雪二晝夜深三尺許河冰復合屋上積雪桼日不消上有巨雞足迹或如牛首馬面之狀或如巨人足迹長二三尺同上

十五年五月雨雹初如雞卵繼如升斗最後則大如柱礎屋宇頹敗牛羊盡死人避不及者死於郊原越數日雹方消地陷數寸同上

十七年正月淮安民家鑿井將及泉得一石洗視之銘曰宋建炎二年開三百年塞二百年後開天下當清同上東嶽

廟樹泣水落如雨三日

三月淮安有練義勇之舉漕撫路公振飛至清江浦與清河舉人湯調鼎等練義勇二萬餘人戶部員外萬翟亦練衙兵數百各成勁旅先是淮郡軍民雖私自練習猶以戎服爲恥及見路軍門萬戶部俱以單容從事乃各釋儒服生員盧士英領南門義社拔貢張鎮世領大義社武備社七十二坊人人鼓勇軍門皆手觴賞賚三日始畢河北下關兩坊每社三四千人尤精猛絕倫有如素練一日軍門令各坊嚴搜賊偵探得七人斬之時有諸生顧某叩門求謁屏左右曰夜觀乾象帝星下降凡七日矣軍門大驚叱

以爲狂生至夜復招之入問從何知之生曰天象示變萬無一失軍門愀然曰適都中人至如汝言幸秘之後數日有北京逃來指揮二人言都城已陷軍門恐人心搖動詰之曰汝從通州來安知京城事遣之去而淚痕已漬襟袖遠近喧傳亂如鼎沸四月杪賊帥武愫至沛軍門集士民出三月十九日報於褎中衆視之大哭軍門曰時事若此董賊及至爾等不必恐懼且隨我殺賊若不勝時縛我出獻以贖爾命衆復哭義士劉應舉投袂而起請自効衆從之軍門給劉副獎之二十九日軍門與鎮淮總兵官撫寧侯朱國弼集士民文武於城隍廟歃血爲固守之盟酉漕

糧四十萬石及浙江福建餉銀二十萬工部差送太僕寺馬千匹以備軍需是時中軍趙洪禎率部下數百人焚掠清口義勇團之夜遁旋就擒斬新城奸民乘亂劫掠捕斬二人桃源知縣魯孜棄城遁巡按王燮執而杖之洪禎弟東輝復率舊部逃叛官兵勦之斬三百餘人妻子無既者

軍令始肅時馬士英兵船從洪澤來欲由淮南下巡按單門令義勇自清江浦至頭鋪兩岸山列不許一舟停泊一人上岸道路肅然高傑部將李呵子順流至清口張士儀率水軍擊之焚殺甚衆奪所掠民口而還及南都既立士英當國振飛被謫去燮升山東贊理軍務而士英私人田

仰來爲漕撫恐反振飛所爲日與劉澤清置酒高會士民從此解體矣路振飛傳及淮城日記

三月六日福周潞崇四藩避難船八十餘艘至河口八日振飛及撫寧侯朱國弼往見問故船小暗甚時周王已病福王曰孤自河南亂後與國母寄居懷慶二月十六日闖變四門大啟便衣偕母出行至東門門閉久之乃出忽失母所在今至此因泣下是日四藩竝集清江浦百姓罷市振飛以千金犒給市肆始安十一日周王薨於水次寓極於民人趙啟申宅十八日福王寓湖嘴生員杜光紹園中二十七日王饋鎮撫馬各二疋四月五日潞王南下十九

日周王柩南下二十二日福王啟行振飛致書史大司馬可法云北事已真人心恟危幸即執牛耳議宗社生民主不然賊一渡河則江南震動大事去矣福藩舟將至維揚此神廟之孫名正言順民望所歸一言可定勿爲道旁之築同上

四月末賊將董學禮至宿遷武愫至沛五月賊衆假爲難民乘船將近清河水營副將張士儀大破之焚其舟賊將犯淮潛兵議從草灣渡河偵者得之振飛密令馬繼援王定國徐起龍王敵等諭百姓僞官兵至爲內應已而賊見清河兵敗不敢近振飛艤舟於河使李發張勇率步兵張

士儀率水兵攻賊東南趙彪張浩然率馬兵由沭陽攻其東北劉世昌韓尙亮由上流攻其西南調邳州指揮周之鸞湯子能伏張山邀其西北監紀郎中高岐鳳居中調度而撫按同至淸江浦爲諸將餞行總兵邱磊部下有不願行者誠其左右以徇時董賊方食聞報失箸夜拔營遁黎明火起賊無闘志斬獲無算宿遷平同上

江北巡按御史王燮以甲申四月職滿當去念北信斷絕而淮安爲南北重地乃與漕撫路振飛同盟誓以死守發漕粟以振飢民賊有僞使招撫淮安者燮斬其使焚其檄列兵守淸河口訓練水師於淸江浦之東湖禽僞官呂弼

周集衆射而殺之武愫等賊聞風遠颺淮安賴其保全淮城日記

四月二十八日天妃宮火藥局火工匠死者十餘人是日朱國弼委城而去士民執其中軍撻於市上同上

奄黨楊維垣謫戍淮安居十五年時時冀望賜環畫明妃夢遊漢宮圖以見志屬人題詠沛上閻爾梅至淮安謂人曰今聖明在上手定逆案如山維垣名在案中果漢宮可還則逆案可翻矣諸公紛紛何爲者維垣聞之取畫還及甲申三月淮安練義兵維垣亦與淮海道范鳴珂及郡人岳鍾秀馮汝緡王眞民等分守新城十月錢謙益力薦之

遂起爲通政使采舊志及山陽志遺

燕順淮安妓女也年十六每厭薄青樓以爲不可一日居甲申三月亂兵數百人至淮安肆行虜掠妓女多被禽順獨堅執不從兵以布縛之馬上順舉身自擲哭詈不止遂殺之而去見山陽志遺又云或以爲馬士英兵其時士英過境不許一人一騎上岸宜無虜掠殺人之事時有總兵李棲鳳駐兵西門外大肆騷擾燕順之殺或李兵所爲未可知也

四月望後傳劉澤清與高傑將結伴中分楚州淮人恇懼各思竄匿巡方王燮率十數人往會澤清尋自鍾吾還諭於衆曰吾已遏高劉之師俾西其轅矣人情粗安五月南都立以澤清爲淮藩燮言於士民曰吾初拒澤清之來以

非君命也今奉新詔理不可違請君盍善處之於是士人爭迎澤清澤清果喜出望外六月杪至淮與史閣部及路軍門王巡按集飲湖心寺數日以敕印未至選名園避暑其中其姪率將校强占人宅士民怨之卽徹去八月蒞任移居新城閻世選宅而別治藩府大興工役郎大河衛故治而更創之毀諸生祠及民舍以爲用九月晉東平侯廢鈔部立榷關於小壩口收船稅立團牌起柴抽支海蕩行小鹽罷引目更張變賣漁利不已住兵閭廂恣肆擄掠幸淮揚道張文光濬爲保護士民稍稍倚賴之及臘而府第成備極壯麗費金錢鉅萬除夕前三日奉母居其中乙酉

四月左良玉兵東下夜半有急詔啟譙下扉而入召漕撫田仰及澤清入援澤清實不欲行乃集撫按諸官及士民會議府第先使人去橋下横木及士民至橋忽崩壓死數十人翌日上疏云臣已刻期進兵而紳士挽留至有投河攀轅不放者恐軍旅一動淮人騷然作亂緣此澤清遂不行五月閒　大兵渡江大懼日夜搜索民船二十日從淵河遁至廟灣浮海去旋盡驅家人入海而身自出降　朝廷惡其反覆腰斬於市兼采舊志及山陽志遺

淮安紫霄宮有皁莢樹產物如飴色黃味美士民以爲甘露觀者如市監紀推官應廷吉過而見之曰此脅餳也白

者爲甘露黄者爲蔚錫所見之地期年易主廷吉時爲史閣部可法監紀精太乙術嘗與閣部言揚州敗亾之期及淮安終不被兵事皆驗

沈通明字克赤青燐眉作問赤嘗爲前明總兵官任俠輕財數與賊戰有功先是有漕撫田仰者素習通明之爲人加禮遇焉見明將亾遂屬其家通明而身自浮海去通明匿仰妻子他所會　王師渡淮購仰妻子急蹤迹至通明家且並捕通明是時通明已藏匿所部杜門久矣捕者凡十餘輩合譟圍其居通明走入寢室飲酒數斗裂束帛縛其愛妾負之背而牽騎手弓矢以出大呼曰若輩亦知沈將軍耶遂注矢擬捕者皆逡巡引却通明疾馳與愛妾俱得脫僦

居蘇州變姓名爲申宗耿賣卜以自活未幾妻死意不自聊入雲巖山祝髮爲浮屠名元弇已復棄浮屠服北訪故人于鄧州通明故魁壘丈夫也美鬚髯以飲酒自豪又善度曲每醉輒歌鄧州市上閒以曼聲雜之酸楚動聽一市皆以爲狂而彭公子籛其州人也素有聲聞於江淮間方罷巡撫家居獨聞而異之偵得通明所在徒步往與之語通明默不應已詢知爲彭巡撫乃大喜吐實彭捉手曰君狀貌稍異必將有物色之者非我其孰爲魯朱家邪引與俱歸彭亦豪於酒日夜與通明縱飲甚歡居久之遇赦始得出通明以勇力聞嘗與賊戰賊射之洞腹通明即拔矢

裂甲裳裹其創往逐射者竟殺其人而還一軍壯之劉公濊曾有序贈之至比諸宋姚平仲龍伯康云（見汪鈍翁文集）

劉文炤號雪舫海州人後籍宛平（明詩綜作任邱人非是）文炤之姑即孝純太后莊烈帝即位文炤與兄文炳文燿皆封顯爵甲申之變闔門殉節文炤年十五文炳攜之出遂逃還海州故里已而變姓名流寓淮上與一二遺老以觴詠自遣嘗有句云去住向誰商出處飄零到我負生平聞者悲之時又有劉孔和字節之大學士鴻訓子豪俠尚氣京師陷後檄財集兵屯長白山殺僞令引衆南下劉澤清方開府淮上孔和與鄉里舉兵屬之後見澤清不道數庰之爲所

殺友人閻修齡靳應昇重金購其屍不得澤清兇忍嘗有故人子至新城訪之飲以酒出所畜猴奉卮跪客前客畏其獰劣不敢舉澤清命取四至階下斷其首取腦骨和酒命猴奉而酹之合座怖慄

國朝順治二年四月　大兵至淮劉澤清遁去官民持牛酒迎三十里犒師三城安堵如故

四年九月鹽城厲豫作亂初豫居鹽城之岡門鎮家饒於財爲諸生素狂騃好大言會明亾所親勸之舉義豫因撤家財得一句容朱姓奉之爲主號曰中興義師鄉人多從之假言史閣部未死由海上提兵至淮安入新城圍漕督署署中遲兵環視莫知所爲時漕督庫禮方出巡師其妥

登樓視之曰賊行列不整可破也集家衆百人大呼殺賊衆踉蹌循淵河東走追而殲之豫以未入城逸去不知所終（纂采舊志及山陽志遺）

厲豫事既定庫禮遣滿洲兵更番四出搜捕從賊之家自新城內外略無隙地獲邱全孫姚希和邱鵬袁台垣等百餘家命梁通事勘問三木聚頭毒楚備至有鹽城諸生王篤生寄居郡城爲仇家所誣既尢慘梁通事內結庫夫人外通書役曹聘宇周君調表裏爲贓賄於是輦金求命者相望於道會審時淮道卞三元力爲營護會天雨沙大風雹赴審者人人呼冤庫禮惻然愍之而通事等激怒庫夫

人曰此瞿得生必招引亾命以圖報復不可不慮次年正月十二日復審於北門外之朱家營朱家營平日決囚地也赴審者方至梁通事即叱斬於道側時天氣陰晦微雪俄而大風凜冽揿屋拔樹見之者無不股慄見山陽志遺

部堂初設卽漕運總督權勢赫濯遠過漕撫而胥吏之惡如出一轍部堂書吏則有曹聘宇朱大受盧質斯周君調等漕撫書吏則有項得甫毛愛之祝其蘇等皆憑藉威勢苞苴流行至有殺人於途官吏不敢究詰順治十年吏部觀政進士邑人張新標上疏極言其害會淮民朱白文亦上言漕撫書吏奸私狀均奉　旨嚴勘五毒備嘗得甫愛之服

毒死獄中其蘇君調得減死論聘字大受質斯走死道路

餘皆斂迹邑人稱快同上

康熙二十三年閒蕭山毛奇齡以避難來山陽令朱禹錫舍之天寧寺變姓名曰王士方以文采重衣冠閒邑人劉漢中張新標與訂交八月十五日新標大會名士於曲江樓士方賦明河篇文詞跌宕一時傳播宣城施愚山覽其詩驚曰何物王生此必吾友江東小毛子也怨家蹤迹之漢中藏於家月餘乃行

二十四年眞武廟隄決

三十三年淮黃皆溢田禾淹沒

三十五年大風雨河決龍窩口

四十三年旱

四十八年夏霪雨無麥大疫

六十年冬雨木冰

初順治丁酉江南科場事發淮安推官盧鑄鼎山陽令李禎光俱絞於西市康熙中漢陽方寶夫令山陽到官日夢李來訪次日問老吏李何如人吏錯愕不敢對後方覺以辛卯科場事被戮見山陽志遺云鑄鼎實通苞苴李則爲同事者所持不得已而從之者李與方在淮皆有善政云

雍正初慶元任淮關榷使先是有潘某坐事籍沒漕咨淌

金於慶及潘之子來索金慶與之而別遣人持刃要於路劫金以歸潘訟諸官盡得慶所爲不法狀　上遣刑部侍郎黄炳即訊慶伏辜潘氏子亦坐重罪見信今録

八年夏六月河淮溢

十年春二月雨雪間以黑豆

十三年雨木冰六月旱蝗

乾隆五年夏五月大風譙樓扁額吹至里許

七年五月大雨傷麥六七月復大雨河淮漲溢淮決高堰古溝人畜漂溺無算

射陽湖界山陽寶應鹽城三縣自湖濱至羊腸集相傳有

九里一千墩高下大小不一而纍纍環列有竊發者所藏多巨木瓦缶或空無一物惟一大墩四面有石門其上土卸各露尺許土人云時聞吼聲雖與村居稍近無敢開視者

十六年　皇上南巡次山陽　御舟駐北角樓登岸奉

皇太后安輿　上自乘馬入北門由西門出登舟復賦役廣學額增兵餉贍耆年百姓夾道讙呼各官晉一階三月建　御詩亭於運河岸上以下皆見信今錄

十八年十九年二十年大水

二十一年　皇上南巡是年春饑夏大疫

二十二年大風察院大門吹落周家橋城隍廟鴟吻落數百步外

二十七年　皇上南巡

二十九年夏五月地震學使方試沭清贛三屬文童皆驚走出場

三十年　皇上南巡

三十三年春正月河北火燒居民一千八百家

三十九年河決老壩口水灌三城時漕督嘉謨北上夫人發銀三百兩命中軍官及邑人戴雨篁閉水關數日而定然城內水已深數尺矣

四十五年　皇上南巡

四十七年自去年八月至是年六月不雨樹木枯死運河幾涸秋八月大雨二日夜平地水深二尺冬米穀踴貴大饑

四十九年　皇上南巡建　行宮

五十年大旱

五十一年居民李姓槐樹自焚死　是年大饑人相食夏大疫人死於道路相枕

五十五年秋七月大雨一晝夜城內行舟秋禾漂沒

五十九年夏四月河北火燒居民一千三百家

李毓昌即墨人進士江寧候補知縣嘉慶十三年淮安大

水振饑民毓昌奉委至山陽查振寓於漕院東善緣庵邑令王伸漢屬毓昌多開戶口以覬中飽毓昌不從伸漢懼泄其事使僕包祥賂毓昌僕李祥等於十一月六日夜寘毒茗盌中酖之未絕復以衣帶絞之以自縊告伸漢與知府王轂驗視轂見毓昌胸前有血迹疑之伸漢先後賂轂銀四千兩屬匿其事遂以自縊詳報製棺殯之毓昌叔父太清來淮徙柩歸葬檢其篋中故衣有血迹疑不以良死開棺檢視得服毒狀並諸厭勝物時毓昌又憑其友荆從發號訐稱寃語卒從發立死明年太清赴都察院陳訴

上命山東撫臬提棺覆檢如太清言乃縶伸漢李祥等

至刑部嚴訊皆款服　上震怒切責督撫以地方偶遇
偏災國家不惜帑金濟救窮黎承辦各員亦應激發天良
盡心經理實惠在民方不負朕毋使一夫失所之意乃不
肖州縣多有捏開侵冒私飽己橐委員貪圖分潤通同作
弊是直向垂死饑民奪其口食已屬豪無人心不意山陽
辦振竟致謀命滅口尤屬從來未有之事鐵保汪日章乃
率據府縣詳文題報實屬形同木偶試思職官身死不明
顯有疑竇尙相蒙混不爲究辦若無告窮民銜冤負屈又
豈肯盡心推鞫爲之申理其草菅人命不知凡幾俱著明
白回奏自行議罪並逮繫及侵冒委員吏役凡數十人至

京彙質伸漢自款侵冒銀二萬三千兩總查同知林永升
一千兩餘人所得各有差獄既具奉　旨伸漢包祥立斬
籍没伸漢子恩官發遣烏魯木齊戳立絞永升諸人籍没
流遣有差山陽縣丞章爲棟訓導言廷璜知事余清揚與
吏呂時雨皆與焉敎諭章家麟以無冒濫擢知縣毓昌僕
顧祥馬連升淩遲李祥首既解赴毓昌柩前淩遲刲心祭
攤以下皆得罪去葢攤賠侵欺帑項賄毓昌知府　御製
五言長律一章表其墓蔭一子舉人賞太清武舉

十四年秋七月運河決狀元墩

十五年春二月運河決三鋪南七涵洞田禾盡没

道光四年冬十一月湖水決十三堡運河西大水漂沒八
民廬舍
五年旱
十一年夏六月運河決馬棚灣
十三年禾稼不登道殣相望
十五年春三月鹽河北大火延燒六百餘家
韓向春天津人父與友人客江左歸舟抵西門外物故友
人葬於北角樓叢塚閒以二錢一甎識其處歸語其家向
春方六歲聞之號泣少長欲尋求父櫬母以其少輒止之
比壯遂辭家來淮時其子亦六歲臨行語之曰不得櫬將

死異鄉不歸矣爾它日當效我亦往尋若父也鄉里送者皆爲濰涕既至行求弗獲禱於神日諷誄荆棘中困而假寐夢神示之處覺而求之琖與瓢皆在焉啟棺瀝血試之驗乃易櫬歸葬人以比之趙來章云時道光二十七年也

二十八年運河決清水潭東鄉大水

咸豐三年粤賊陷揚州郡城戒嚴奸民梁常保本劇盜屢捕不獲至是益肆刼掠或言將與粤寇通人情大聳俄爲兵勇偵獲戮死徒衆散去

六年大旱運河斷流

八年旱

十年春二月初一日皖賊陷清河郡城嚴守衛初三日賊

騎四出焚掠河下及西北鄉皆遭殘破十三日賊全隊回巢時奸人往往於城內鋪處縱火冀乘亂劫掠均爲巡緝者捕止恆守廉顯令思堯結士民簡練勇晝夜往來睥睨閒有爲賊偵伺者輒爲兵勇所獲防守益嚴得以無事

同治元年皖賊犯清河阜寧闌入東北鄉官軍拒退之

五年運河決清水潭東南鄉大水守令督民修隄渠以工代振

六年冬十二月捻賊賴文洸在海沭爲官兵擊敗遁入邑境南竄爲揚州守捉兵禽斬自咸豐軍興山邑團練捐輸之役如蝟毛而起勞擾沸騰靡有寧歲加以兵火災荒民生重困至是始得息肩云

篆香樓東北有古聖人廟　至聖居中左老右佛廟僅三

楹頗卑陋有農人司其香火廟莫知其所自始無可附麗姑識於此

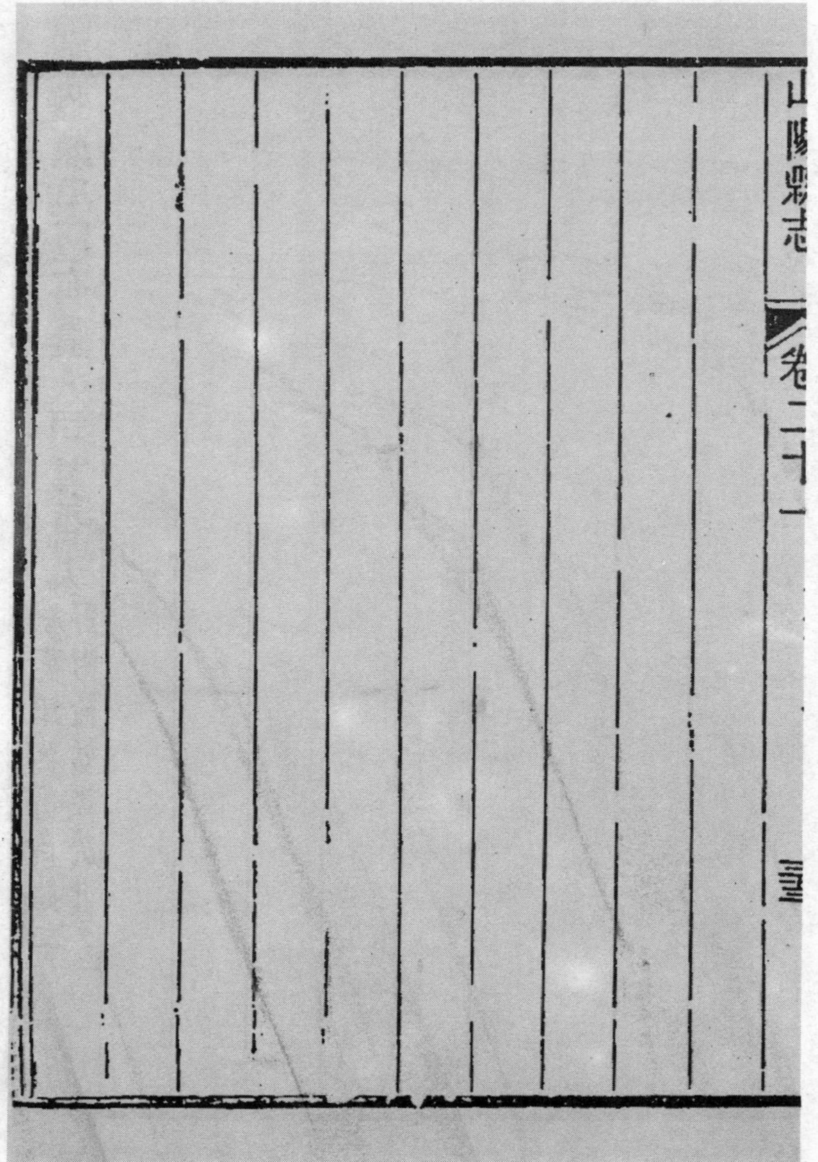

山陰縣志　卷二十一